第❶章　单兵利器——轻武器

世界上，一些国家为了适应未来战争对武器的需求，在投入大量人力、物力研究未来的高新技术武器的同时，不断地对现有的武器装备进行改进，致力于提高武器装备的综合性能，适应未来战争的要求。而轻武器是改进的重要对象之一，轻武器作为步兵和有关兵种作战的主要武器，在未来战争中仍将发挥重要作用，占有重要地位。

第1节 轻武器的诞生

现代使用的枪、炮一般都是利用火药来发射弹丸的身管武器。这种身管武器是从冷兵器发展演变而来的。冷兵器时代就是从使用石兵器、铜兵器和铁兵器一直到出现火器以前的很长一段历史时期。追根溯源，冷兵器的发展历史几乎与人类社会发展的历史一样悠久，它最早出现距今已有300万年了。

一、冷兵器

最早人类使用的武器是矛和盾。其实，历史上人类最初使用的武器无疑是棍棒和石块。棍棒和石块的使用是在旧石器时代的初期，我们的祖先为了生存和自卫，开始采用了这种最原始、最简单的武器。后来，猿人为了生存，在从事简单的劳动过程中，逐渐发明和使用了石斧和石刀。到了猿人晚期，大概已经使用了矛这种武器。

▲石器时代武器：矛

据考证，生活在距今50万年前的北京猿人，在当时使用的石器中，就发现了一种“似镞石器”。人们把这种尖状石器，或者在磨尖的兽骨上装上一个木把的矛，称为石矛或骨矛。用它来投掷，就成了标枪。之后的旧石器时代的晚期，又出现了弓箭。在我国，考古学家在距今2.8万年前的山西峙峪人遗址，发现了最早的石箭镞、棍棒、尖石器、石斧、石刀以及标枪和弓箭等，当时主要是用来作为生产工具使用的，有时也当作兵器使用。例如，早期氏族之间的战争使用的武器就是这种最简单的生产工具。

展示各国经典武器 赏析最新装备雄姿

RAND WORLD WEAPON WORLD FAMOUS GUN

世界兵器大观

★近战利器★

世界名枪

吕辉◎编著

中国社会出版社
国家一级出版社★全国百佳图书出版单位

图书在版编目（CIP）数据

近战利器：世界名枪 / 吕辉编著．—北京：中国社会出版社，2013.12
ISBN 978-7-5087-4603-6

Ⅰ．①近…　Ⅱ．①吕…　Ⅲ．①枪械—世界—普及读物
Ⅳ．① E922.1-49

中国版本图书馆 CIP 数据核字 (2013) 第 273186 号

书　　名：近战利器：世界名枪
编 著 者：吕　辉
责任编辑：侯　钰

出版发行：中国社会出版社　邮政编码：100032
通联方式：北京市西城区二龙路甲 33 号
编 辑 部：（010）66080360
邮 购 部：（010）66081078
销 售 部：（010）66080300（010）66085300　传真：（010）66051713
（010）66083600（010）66080880　传真：（010）66080880

网　　址：www.shcbs.com.cn
经　　销：各地新华书店

印刷装订：北京威远印刷有限公司
开　　本：162mm × 230mm　1/16
印　　张：10
字　　数：200 千字
版　　次：2014 年 5 月第 1 版
印　　次：2014 年 5 月第 1 次印刷
定　　价：29.80 元

前 言

枪械在人类历史上留下了浓墨重彩的一笔，沿着它们产生、发展、演化的足迹，我们可以清晰地看到人类战争悲壮的发展历史。有人说它是“嗜血的工具”，也有人说它是“正义的守护之神”。它以一种残酷的方式工作，在生命倒伏，鲜血喷涌的状态中演绎特殊的使命。

枪的产生是科技的进步，但有时它却成为杀人的利器。从某种意义上说，枪已成为一种符号，它既向我们展示了人类血腥争斗的历史，同时也向我们揭示出和平的可贵。在血与火的洗礼中，人们不断地对其加以改进，使其更完美，更完善，因此也产生了许多跨越时代的经典之作。如武器之王AK-47突击步枪、战火中的铁血王者M16突击步枪……这些享誉世界的名枪不仅在战火中确立了它们的王者地位，而且还创造了令人顶礼膜拜的标准。同时，枪不仅仅是一件简单的武器，它们还被赋予了特殊的意义与使命。

无论是过去还是现在，枪始终是士兵手中最基本的战斗武器，是士兵的第二生命，是军队最为基本的也是最为重要的武器装备之一。它的性能往往显示了一个国家军事技术及常规武器的科研能力和军队的战斗力。

本书不但介绍了枪的发展历程，而且还有大量工艺精湛、式样独特、威力惊人的世界经典名枪，这些都将在本书中逐一呈现。我们遵循众多读者的基本认知习惯，把它们分门别类地归纳起来，将众多枪械的主要研制过程、技术数据、技术创新程度等，一一辑录入书中，并详细、全面地阐述了它们的产生、发展到完善的艰辛历程。另外，书中详细介绍了世界经典名枪的性能参数，同时配以大量精美、准确的资料图片，以期为读者们展现一幅世界各国著名枪械的全方位扫描影像，以领略它们的不凡风貌。

本书题材新颖，内容丰富，图文并茂，形象生动，既美观好看，又通俗易懂，通过阅读本书你不仅会收获大量的知识信息，甚至还会在心里埋下崇尚发明的种子，唤起致力创新的激情，向着军事科技的高峰攀登。

目录 Contents

第 3 章　枪械元老——步枪

第 4 章　急速射杀——冲锋枪

第5章 火力之王——机枪

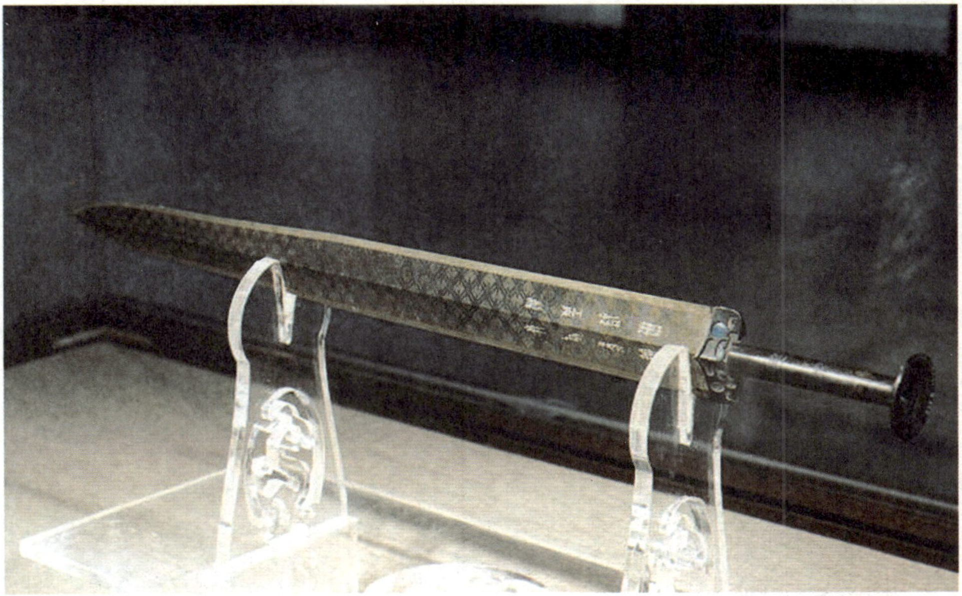

▲越王勾践剑

一直持续到原始社会晚期，兵器才逐渐从狩猎和农业生产工具中分离出来，从铜石并用时代逐渐改为铜制。到了夏朝，开始进入奴隶社会后，因为出现了阶级，所以刀、斧、矛等就由主要生产工具变成了征战和搏斗的利器。

宋代是兵器发展的一个重要时期，这时候枪已取代矛成为主要的长兵器，并且样式繁多，仅北宋庆历四年(1044年)的《武经总要》中就记载了18种长枪，如双钩枪、梭枪、鸦项枪、槌枪等。

▲吴王夫差矛

二、古代火器

人类进入火器时期，这是和火药的发明密不可分的。火药的出现和应用是古代的劳动人民在以枪炮、火箭等为主的兵器发展史上最辉煌的一种成就，特别是对于热兵器的发展和演变，都起到了至关重要的作用。应该说，火药

你知道吗

枪是古代一种刺击长兵器。根据李筌《太白阴经》记载：两军对阵时，持枪刺敌；宿营结寨时，树枪为营；涉渡河川时，缚枪为筏。枪的形制和矛相似，起初将竹竿、木削制尖头，后又加铜或铁制枪头。

▲火龙出水

▲一窝蜂

是热兵器发展的里程碑。火药的发明开辟了使用火器的新纪元，使得在现代战争中枪、炮成了必不可少的武器。

从北宋到南宋约3个世纪里的古代火器，是早期的火器创造阶段，这一时期火器已用在战争中并具有一定规模。有许多火器的储备数量已是非常庞大。在战争中起了重要的作用，但对于全局来说，当时大量装备的兵器还是冷兵器。

三、近代火器

火枪的出现和演变，表明了火器已有相当大的进步。据有关资料记载，南宋绍兴二年(1132年)陈规守卫德安(今湖北省安陆县)时使用的长竹竿火枪，以竹为筒，内装火药，临阵点燃，喷射火焰，把敌人的攻城器械“天桥”给焚毁了，这是最早的管形喷射火器。它能使点燃的火药定向集中喷射火焰。这种技术以后又有了进步。南宋绍定五年(1232年)蒙古军队进攻金南京（今河南开封）时，守城金军使用的飞火枪，用纸制的火药筒绑在矛柄上，近距离战斗中既可喷火伤人，又可格斗拼刺。虽然是“飞火”，但在火药中还掺入了铁渣、磁末等，与火焰一同喷出，也能起到一定的杀伤效果。南宋开庆元年(1259年)，又发明创造了最早的管形射击火器——突火枪，它是世界上最早的管形射击火器。它是用巨竹做枪筒，里面安子窠(弹丸)，用火药发射，这是人类第一次尝试用化学能发射弹丸，并取得了成功，这也是早期火器发展史上十分重要的一步，为进一步发明金属管形射击火器解决了一个重大的技术难题。

▲铜火铳

到元朝时，管形火器又有了进一步发展，用来做火枪、火炮的竹管改用金属，刚开始是用铜铸造，叫作“铜火铳”；而后又改用生铁铸造，称为“铁火铳”，这时金属管形火器不仅装填火药，而且还装有球形铁弹丸或石球，从此开始了在金属管形火器中装填弹丸的先例，这也是古代的劳动人民对兵器发展的重要贡献。当时火铳的发展，大量生产和装备于军队，尤其是专用火器军队的组建，使交战双方开始发生了变化。冷兵器虽然在军队装备中仍占绝大多数，但火器的巨大威力，已使它成为战场上决定胜负的重要因素之一。

▲元朝制造的火铳

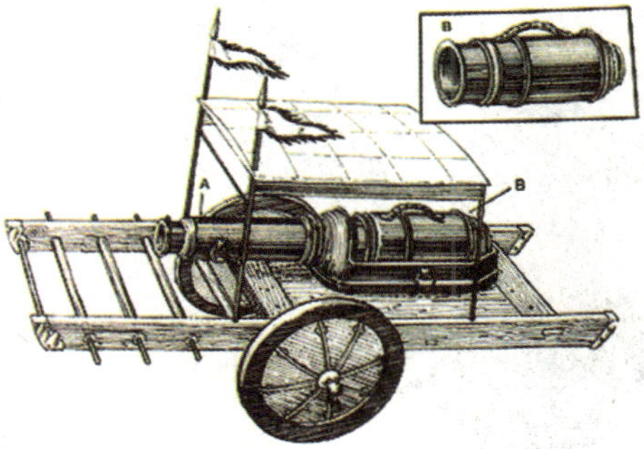
▲明代后膛榴弹炮：佛朗机

元朝制造的火铳最早始于哪年，迄今为止尚缺乏文献记载，现保留最早的、有铭文的元代火铳，是珍藏在中国历史博物馆元至顺三年(1332年)的制品。火铳采用青铜器铸管，可以耐较大膛压，并且可以放较多的火药和较重的弹丸，因此大大提高了火器的威力，火铳不但使用寿命长，而且能反复装填发射。因此，在其发明以后不久就成为军队的重要装备。

我国发明的火药和火器在14世纪初，经阿拉伯传入欧洲以后，欧洲也有了从枪管后端火门点火发射的火门枪。到了15世纪，欧洲的火绳枪，因其能射中空中飞鸟，又因其所安装的弯形枪托形似喙（即鸟嘴），而被称作鸟嘴枪，也有人称作鸟枪。火绳枪是靠从枪口装入黑火药和铅丸，转动一个杠杆，将用硝酸钾浸渍过燃着的火绳头通火孔，就可点燃火药，产生燃气，射出弹丸。由于火绳枪使用燃烧的火绳点火，所以可连续使用而不致熄火。又由于有了扳机，所以只要扣动扳机，便可连续点火发射弹丸，因此提高了发射速度，增强了杀伤威力。但火绳枪在气候潮湿时难以点燃，会影响使用，特别是在作战使用时，每支枪总得拖着一根点燃着的火绳，在夜间容易暴露目标，因此操作十分麻烦，难于精确瞄准，到了16世纪后逐渐被燧石枪所取代。最初的燧石枪是轮式燧石枪，用转轮同压在其上面的燧石摩擦产生火星。随后又出现通过燧石与砧铁或药池皿撞击迸发火星来点燃火药的撞击式燧石枪。燧石枪大约曾在军队中使用过300年。

随着战争范围的日渐增大，对枪的射程和射击精度提出了新的要求，除对火枪的击发装置进行改进外，还对枪管进行了改进。德国人在15世纪末首先研制了线膛枪，即在枪管内壁上刻上一些直线形膛线，它既能减少装填弹丸时与枪膛的摩擦，又能在通条的冲击下，将软铅制作的弹丸嵌入膛线，使弹丸与枪膛壁更紧密地贴合，从而充分地利用火药气体能量。直线形膛线主要是为了更方便地把

▲鸟铳

▲火绳枪

▲燧石枪击发装置

铅丸从枪口装入。人们在16世纪之后又将直线形膛线改为螺旋形，发射时能使长形铅丸做旋转运动，飞出膛后飞行十分平稳，提高了射击精度，大大增加了射程。由于这种线膛枪前装填相当耗时，因此直到将前装枪改成后装枪时才真正得到广泛应用。

法国在1812年发明了定装式枪弹，它是将弹头、发射药和纸弹壳连成一体的枪弹，便于射手灵活装填，射速每分钟可达6～7发。普鲁士人德莱赛在1835年试制成功一种新型的后装枪叫作“后装式针发枪”，此枪采用了定装式枪弹，使用时用枪机从后面将子弹推入枪膛，随后用手扣动扳机，枪机上的击针就刺破纸弹壳撞击底火，将火药引燃，最后将弹丸推出枪膛。由于这种后装枪的子弹一次只能装入一发，所以也叫作“后装单发枪”。这是后装枪发展的初期阶段制成的枪，其缺点是发射速度低，但与前装枪相比，其射速提高了4倍，并且能够在多种姿势中重新装填子弹。

你知道吗

19世纪初期，英国人首先发明了用击锤打击雷汞起爆的点火法，并制造出雷汞火帽，把火帽套在带火孔的击砧上，打击火帽即可引燃膛内火药，这就是击发式枪机，这种具有击发式枪机的枪称为击发枪。

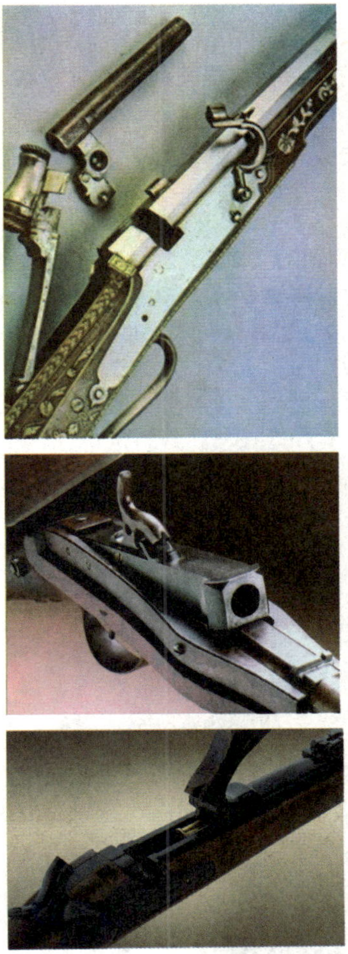

▲早期后装枪的闭锁方式

枪械发展史上发展的一大进步是从前装枪到后装枪的发展，同时也表明枪弹有了飞跃的进步，这些都为近代枪及其弹药的问世创造了有利条件。后装单发枪虽然比前装枪优越，但发射时仍然要将子弹一发一发地装入枪膛，然后依次进行发射，因而它的射速必然要受到一定的限制。连发枪由枪管、机槽、枪机、击发装置、弹仓、枪托、瞄准装置等主要部件构成。连发枪与单发枪相比，其改进之处是在枪管下方的枪托里，安装一个可储存多发枪弹的弹仓，因此能够不断扣动扳机，进行不间断地射击，使连发枪的射速比单发的射速快了许多。19世纪60年代，出现了用黄铜片卷制的整体金属弹壳，代替了纸弹壳，发射时可以更好地密闭火药燃气，从而提高了初速。

德国首先在1871年装备了采用金属弹壳枪弹的机柄式步枪，其口径为11毫米，有螺旋膛线，发射定装式枪弹，由射手操纵枪机机柄，实现开锁、退壳、装弹和闭锁。毛瑟枪在以后的使用过程中，经过不断改进和完善，出现了许多的类型。其中主要有：1871年式11毫米单发步枪，这种枪射速低，因此于1884年改进成能装8发子弹的弹仓式步枪；1885年式和1898年式7.62毫米弹仓式步枪，这两种枪后来都采用法国于1886年研制的无烟火药枪弹，这种枪弹已和现在的普通枪弹在结构上相差无几。德国在1904年又制造了一种口径为6.8毫米的新毛瑟枪。随着金属深孔加工技术的发展，随后步枪的口径大都减小到8毫米以下，因而使弹头的初速显著加快。我国江南制造总局枪厂在清光绪二十三年至三十年(1902～1909年)先后仿制成功1888年式和1904年式毛瑟枪。

欧美的一些国家在19世纪60～80年代为了提高枪械的射速和增大杀伤威力，

▲保罗·毛瑟

▲最早的后膛定装枪——士乃德枪

除了研制各种连发枪外，还研制出型号多样的多管枪，其中传入我国的多管枪有美国的加特林手摇6管枪，英国的诺登飞5管枪，法国的哈齐开斯多管枪。

美国的R.加特林少校在1862年研制成功了加特林多管枪。最早的加特林多管枪有6支口径为14.7毫米的枪管，安放在枪架上，射手转动曲柄，6支枪管依次发射，曾在美国南北战争中(1861～1865年)起到至关重要的作用。它的主要作用之一是保护重要军事设施，如桥梁和渡口等。

诺登飞多管枪是由瑞典工程师诺登飞设计制造的。这种枪有10支枪管，口径在11毫米～37毫米，主要作用是用在舰船上射击敌舰甲板上的目标，或在野战中控制宽阔的前沿阵地，用来扫射在进攻中遇到的敌人。

1871年，法国机械师B.哈齐开斯研制成功了哈齐开斯多管枪。欧洲在19世纪下半叶正处于殖民主义向外侵略和扩张时期。为了满足战争的需要，一些国家致力

▲1888年式7.92毫米毛瑟步枪

▲加特林手摇式多管枪

▲现代加特林多管机枪

▲马克沁亲自展示马克沁机枪

于改进连发枪，使其成为一种能自动装填子弹的射击武器。1884年，英籍美国人马克沁研制成功了第一种以火药燃气力能源的自动武器——机枪。马克沁机枪的连续发射是采用枪管短后坐自动原理，于1883年试验成功。1884年应用这种原理的机枪取得了专利。这种枪以膛内火药燃气作动力，采用曲柄连杆式闭锁机构，布料弹链供弹，水冷枪管，能长时间连续射击，理论射速可达600发/分，全枪质量27.2千克。丹麦在1902年出现了麦德森机枪，该枪带有两脚架，采用气冷枪管，外形似步枪，全枪质量9.98千克。人们为了便于区分，称前者为重机枪。

意大利人B.A.列维里在1915年采用半自由枪机式自动原理，设计了一种发射9毫米手枪弹的维拉·派洛沙双管自动枪。西班牙内战时期(1936～1939年)，交战双方使用了德国MP18式等多种发射手枪弹的手提式机枪，由于这些枪短小轻便，弹匣容量较大，在冲锋、反冲锋、巷战和丛林战等近距离战斗中火力猛烈，被称为冲锋枪。第二次世界大战中，又不断出现了很多各式各样的冲锋枪。

军用飞机、坦克等在第一次世界大战中投入使用，并出现了航空机枪和坦克机枪，为了对付低空目标和薄壁装甲目标，威力很大的大口径机枪又出现了。

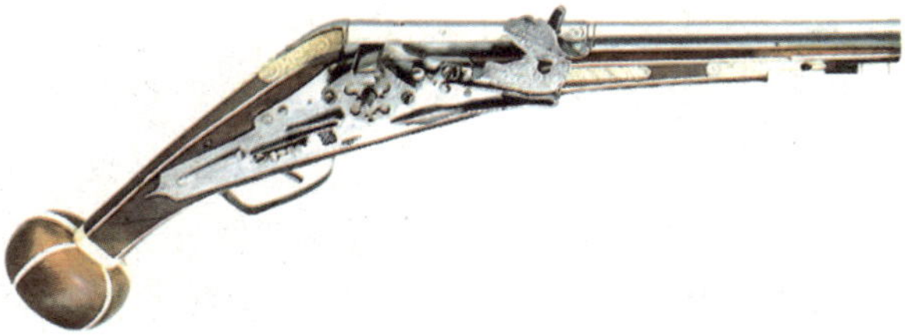

▲簧轮枪（16世纪）

你知道吗

第一次世界大战（1914年8月～1918年11月）是一场主要发生在欧洲但波及全世界的世界大战，当时世界上大多数国家都卷入了这场战争，是欧洲历史上破坏性最强的战争之一。

手枪的问世较早，德国人在1331年发明点火枪不久，德国的黑色骑兵就用这种枪和法国步兵展开了搏斗。手枪的发展过程和管形火器基本相同，首先是把点火枪改进为火绳手枪。德国人基富斯在16世纪初期在火绳手枪点火方式的基础上，发明了一种转轮发火手枪。转轮发火手枪在17世纪时被燧发手枪所取代。燧发手枪的作用原理是：在击锤上装有燧石，扣动扳机后，击锤在弹簧力作用下，带着燧石向下打在钢件上，以产生火花点燃火药。随着雷汞的出现，燧发手枪渐渐由击发火式手枪所取代。

▲P80式卢格手枪

▲美国第一种击发手枪，M1842火帽式击发枪

四、现代兵器

轻武器的发展在第二次世界大战期间已经初具现代规模。在战争中投入使用的有手枪、冲锋枪、步枪、轻机枪、重机枪等。随着战争规模的扩大和作战方式的变化，武器的弹药种类繁多，使后勤补给日趋复杂。许多国家都致力于弹药的通用化。弹丸质量和尺寸介于手枪弹和步枪弹之间的中间型枪弹是在第二次世界大战中出现的。德国研制了7.92毫米短弹，用于MP43冲锋枪；苏联研制了7.62毫米的43式枪弹，战后按该枪弹设计了CKC半自动卡宾枪、AK47自动步枪等，首先解决了枪械弹药统一的问题。北大西洋公约组织在1953年12月选用了美国7.62毫米枪弹作为标准弹。一些国家为了减少枪种，寻求设计一种能同时在装备中取代自动步枪、冲锋枪、卡宾枪，射程在400米左右，火力突击性强的步枪，这种枪被称为突击步枪。例如，德国的STG44突击步枪和苏联的AK47自动步枪，都是这种设计思想的体现。

第二次世界大战期间，各国在研制重机枪时，都想方设法在保留其原有威力的前提下，尽量减少质量，这样就出现了通用机枪。如德国设计的7.92毫米MG42机枪，支开两脚架可作轻机枪用，装在三脚架上也可作重机枪用。许多国家设计的通用机枪，其枪身可轻重两用，枪架一般可高平两用，也可改装用于坦克、步兵战车、直升机或舰艇上。

自20世纪60年代后，许多国家通过对大量战例的分析逐渐意识到，步枪的有效射程可控制在300米～400米内，这样可以让枪弹威力有所降低，使用小口径枪弹，不仅可以提高连发精度和机动性，而且可以增加携弹量，提高步兵连

▲德国 STG44 突击步枪

▲M16 系列突击步枪

你知道吗

有文字记载，在19世纪以前，火器上已经有了望远镜式的瞄准装置，可用于在弱光条件下的瞄准。到了19世纪40年代，一些美国枪械技工就开始制造带光学瞄准装置的枪械。1848年纽约州的摩根·詹姆斯设计了一种与枪管同样长度的管形瞄准装置，该装置的后半部安装了玻璃透镜，并有2条用于瞄准的十字线。

续作战能力。如美国的M16A1和M16A2步枪，其口径为5.56毫米，先后于1967年、1982年装备部队。1974年，苏联定型的AK74自动步枪和PNK74轻机枪，其口径为5.45毫米。北大西洋公约组织在1980年10月选定5.56毫米作为枪械的第二标准口径。

为了减少枪种，方便生产、维修、训练和补给，许多国家力求使枪械实现枪族化。如苏联的AKM自动步枪和PNK轻机枪全都使用M43式中间型枪弹，大多数部件可以相互使用。前联邦德国发展了5.56毫米HK33枪族。各国为了提高轻武器远距离杀伤精度和昼夜作战能力，都竞相研制和装备高性能的瞄准镜。

迄今为止，轻武器正面临着新的挑战，一些国家正在全面探索和利用电能、声能、磁能或者激光作为能源或杀伤源的新型枪械，如电磁枪、激光枪、超声枪、次声枪等。

第 2 节　认识轻武器

轻武器是陆军步兵的基本武器，也是空军、海军和其他军、兵种的自卫和近战突击武器。轻武器通过军事需求牵引和技术推动，不断地改进和创新，经过长期的演变和发展，形成了各自的体系和特点，是当今军事武库中数量最多、用途最广的武器装备。

一、轻武器的概念

轻武器通常是指各种枪械及其他可以由单兵或者战斗班组携行、使用的武器。一般包括枪、手雷、枪榴弹、榴弹发射器、火箭发射器、轻型纵火武器和单兵导弹等。除枪械之外的轻武器常称为近战武器。轻武器是步兵装备使用的基本武器，同时也广泛装备于其他军种作为辅助武器。其主要作战用途是杀伤敌有生力量，毁伤敌装甲车、坦克等战斗车辆，打击敌低空目标，压制和破坏敌其他武器装备和军事设施。

▲手持 M4A1 突击步枪的美军士兵

二、轻武器的特点

第一，重量轻，体积小，多数能单独使用，可由单兵或战斗小组携行；

第二，使用方便，开火迅速，火力猛烈；

第三，环境适应能力强，可以在恶劣的条件下作战，人能达到的地方轻武器就能达到，特别适用于敌后斗争使用；

第四，品种齐全，可以按任务要求进行装备，杀伤人员，击毁装甲，防卫低空，纵火焚烧，施放烟幕、毒气等均可使用轻武器；

第五，结构简单，易于制造，成本低廉，适于大量生产，大量装备。

第3节 轻武器的未来

20世纪80~90年代，轻武器经历着更新换代的变革。美国、苏联和西欧诸国都进行了轻武器装备更新；亚洲、非洲、拉丁美洲以及东欧一些国家也不同程度地采用了新型轻武器。这个时期轻武器新产品开发也十分活跃，有些已经研制成功并开始装备军队，有些正处于开发试验阶段。

一、未来轻武器的地位

从火铳、火门枪时期开始，600年来，轻武器曾在战争中发挥巨大作用。特别是燧发枪的发明和广泛应用，不但使人类战争从此进入了火器时代，而且成为当时战争胜负的关键因素和军队战术发展的基本推动力。至20世纪初，轻武器发展到鼎盛时期，各种枪械特别是机枪在战场上发挥出空前的威力，使战争双方均遭受到难以承受的损失，轻武器成为主宰战争进程和结局的战场之王。也正是因此，促进了“机枪克制器”即坦克等一大批现代新式武器的出现，使以重型武器为主的远战逐渐成为战争的基本形态，坦克成为新的战场明星。同时也迫使轻武器走下了历史的巅峰。在第一次世界大战以后的历次战争中，轻武器尽管仍居其他任何武器都无法取代的突出地位，但是，随着人类战争手段、战争形态的发展，毕竟不可能还像过去那样傲视战场，独领风骚了。

1.对于整个军队来说，轻武器已从军队中占主导地位的主要装备降为居于次要地位的重要装备。

随着各类高新技术在军事领域日益广泛的应用，军队的武器装备乃至编制体制都发生了重大变化。天军、战略导弹部队、航空兵、空降兵、装甲兵、各种远程炮兵和以远程精确武器为主要装备的兵种在军队中的比例不断增加。作战距离日益远程化，传统意义的战场，已由过去的数百米延伸扩展到陆地、海洋、水下、空中、太空以及电磁领域等全维空间。以近距离作战为主的轻武器，显然已不能承担战争主要责任，其在整个军队武器装备中的地位，必然由主要地位下降到次要地位。这一进程从第一次世界大战后即已开始，在可预见

▲美军“陆地勇士”单兵系统

你知道吗

火药由中国发明于隋唐时期，距今已有一千多年了。火药的研究开始于古代道家炼丹术，古人为求长生不老而炼制丹药，炼丹术的目的和动机都是荒谬和可笑的，但它的实验方法还是有可取之处，最后导致了火药的发明。

的未来仍将继续。

2.对特定的作战力量来说，轻武器仍然是决定其作战胜负、战术发展的基本作战手段。

长期以来，军队的基本作战力量是使用轻武器的步兵。特别是我军，在20世纪长达半个多世纪的战争年代，步兵几乎是唯一的战斗兵种，承担了几乎全部的战争重担。中华人民共和国成立后，在很长的时间内，步兵仍是我军的主要战斗兵种。随着我军现代化的发展，炮兵、装甲兵、工程兵、通信兵、防化兵、空降兵、陆军航空兵、电子对抗兵、特种侦察作战力量以及海军、空军、第二炮兵等一大批步兵以外的军兵种越来越成为军队力量的主要组成部分，将成为未来战争中的主角。有人因此得出结论，似乎步兵行将消亡，而轻武器将会越来越变得可有可无。

然而，只要实事求是地分析就可知道上述看法是片面的。在未来战争中，步兵不但不会消亡，反而会得到新的发展。从表面看步兵的建制单位可能越来越少，但是主要使用轻武器作战的机械化步兵、摩托化步兵、各军兵种的特种部队、各类地面侦察力量、空降兵部队、海军陆战队，各类警卫、卫戍部队，边海防部队、武装警察部队等“新步兵”将会越来越多。轻武器不但不会因此而变得可有可无，反而会迎来一个大发展的春天。

3.对一切单个军人来说，轻武器仍然是其战场生存和自卫的基本武器装备。

越是现代化的战斗平台，越是需要有更多的人员共同操纵和使用，其使用距离越远、作战对象和作战效能越是大型化、面积化。如坦克需要3～4人共同操作，大型火炮需要十多人使用，舰艇需要数十人至数百人共同使用，战略导弹部队更是“千人一发弹，万人一杆枪”，而且其战斗的对象往往是远距离的大型目标。无论任何军兵种、任何单个军人，一旦在近距离上受到严重威胁，其最基本、最有效的自卫武器还是轻武器。从这点上来说，轻武器的重要地位和作用几乎是永恒的。

4.对任何国家和军队的武器装备体系来说，轻武器都是生产量最大、装备面最广、数量最多、应用最广泛的武器。

轻武器特别是枪，长期以来就是军队和军人的象征，它体现了军人的骄傲，提醒着军人时刻不忘肩负的重任，激励着军人奋发向上的精神。在可以预见的未来，尽管军人使用的主战武器装备不尽相同，尽管靠操作键盘、按钮作战的军人不断增加，世界上还没有可以远离轻武器的军队和军人。轻武器仍将是各国生产量最大、装备面最广、数量最多、应用范围最广泛的武器。

二、未来轻武器的样子

随着新技术革命的兴起，人类在一系列技术方面获得重大突破，特别是空间技术、遥感遥测技术及以计算机为核心的网络技术的飞速发展及广泛应用，已使人类社会进入信息时代。未来的战争，将是信息时代的战争。对“制信息权”的争夺将成为未来战争的焦点和胜利的前提，但以火力为核心的武力手段仍然是战争的基本方式。军事专家们根据对海湾战争及其以后历次局部战争的分析认为，未来战争可能在全维空间内同时进行，包括军事、政治、经济、外交等领域的信息战首先展开并贯穿于战争的全过程，但要夺取最后的胜利，则必须投入军队，通过战斗才能达成。而这种战斗，将是在现代技术特别是高技术条件下进行的诸军兵种合同战斗。具有战场环境多样，战斗情况紧张、复杂、多变，战斗行动突然、猛烈、连续、快速，立体性和机动性强；军队特别是步兵随时面临敌人侦察、机动和火力打击的严重威胁，达成近战更加困难；攻防战斗转换频繁，组织准备和对情况做出反应的时间短促；有效地消灭战场目标和组织机动、防护的难度大等特点。

根据未来战争的上述主要特点，军事专家们认为，对轻武器发展的要求主要包括：

1.能够有效对付多元化战斗目标

未来战争特别是近距离战斗，战场上暴露的人员相对减少，有人和无人驾驶的飞机、直升机、坦克、各种战车等战斗平台将成为主要目标。虽然不同武器的战斗目标各有分工和重点，但在直接面对上述各种目标的情况下，要想实现“消灭敌人、保存自己”的目的，装备轻武器的人员特别是步兵分队，就必须具有同多种战斗平台斗争的能力。因此，除杀伤对方人员外，轻武器还必须具备一定的对上述目标的摧毁破坏能力。不仅能在一般战斗中使用，而且能在反恐怖作战中使用。

2.能够昼夜连续使用

未来战争将昼夜连续实施。即使在风沙、烟雾、雨雪等复杂条件下，战斗也将不停顿地进行。因此，除能在昼间和理想条件下的战斗中充分发挥作用外，轻武器还必须能够在微光、暗夜以及其他复杂条件下有效使用。

3.方便生产、保障和维修

未来战争作战物资消耗量剧增，保障难度大。为方便和保障人员在战斗中的相互顶替，轻武器的类型和型号必须实现通用化、系列化。改变性能近似或类同、任务可互相替代的多种轻武器并存的局面，实现步兵分队轻武器及其弹药的简约化、系统化。

4.能够方便携行和利于战斗

未来作战中，机动作战、城市作战、山地作战以及特种作战等的地位空前提

▲未来单兵系统可以大幅度提升士兵作战能力

高，火力与机动的结合更加紧密。各类战斗平台增多且空间狭窄，士兵携带装具的种类繁多。因此，一方面单兵携行轻武器与车、机载轻武器应紧密结合使用；另一方面要不断减轻武器重量、缩小体积，使之更加方便携行、利于战斗。

5.能够在远、中、近不同距离上有效使用

随着军队“远战”进程的加快，强调运用己方火力，在对方武器射程以外将其消灭的“非接触作战”已越来越成为在战斗中克敌制胜的基本方式，近战距离的概念也在不断发展。因此，轻武器不但要具备对400米以内人员、1500米以内大型目标的有效杀伤和摧毁能力，而且要对2000米甚至更远距离的敌方重要目标形成有效威胁，并随着军事技术的进步，不断拓展轻武器的打击

你知道吗

由美国卡利科公司研制的卡利科冲锋枪，名为卡利科，引起了行家们的兴趣，某些方面代表了未来军用枪支发展的趋势。卡利科冲锋枪的诞生，引起了世界轻武器界的注目。有人称它是一种“异乎寻常的武器”。有人则认为，卡利科技术标志着轻武器向未来又迈出了关键的一步，并将对整个轻武器市场产生巨大的影响。

▲美国单兵系统

▲法国未来单兵系统

▲德国未来单兵系统

力量。

6.适宜在多种环境条件下使用

未来战争，可能在多种自然环境条件下进行。因此，轻武器必须具备在多种环境条件下作战使用的能力。既适应在一般环境中作战的需要，也适宜在高海拔、严寒、炎热、潮湿、盐碱、沙尘等各种恶劣环境条件下作战使用。

7.能够简单、方便、快捷地使用

由于未来战争攻防转换频繁、情况紧张、复杂、多变的特点，要求使用轻武器的人员特别是步兵分队必须对瞬息万变的情况迅速做出反应，这不仅决定战斗的成败，而且决定士兵的生死。因此，必须在提高轻武器威力及其数字化、信息化程度的基础上，加强人–机结合功效和提高精度，像“傻瓜照相机”那样，具备简单、方便、快捷使用和有效作用的能力，以在短兵相接的紧急关头，保证士兵先敌开火，克敌制胜。

8.不断发展新概念武器

未来全新的战争，呼唤着全新概念的轻武器，未来的轻武器，可能不再作为一个单独的武器出现，而成为“未来战斗步兵系统”的有机组成部分，轻武器的杀伤破坏作用也将不仅仅表现在物理性方面。如：采用全新发射物质、因而具有超高初速的电磁热轻武器，利用次声波、激光等新能源、能够对目标产生特殊作用的波束轻武器，发射各种非杀伤性弹药、能够制止目标行动而又不致产生最严重后果的各类非致命轻武器，能够在短时间内发射成千上万发子弹、形成弹幕屏障的“金属风暴”武器以及其他能够适应时代发展和战争需要的形形色色的新概念轻武器必将应运而生。

第❷章　近身保镖——手枪

手枪是一种无依托随机发射的短枪。其特点是，重量轻、体积小，便于携带和隐藏。其弱点是，发射距离短，大多数手枪的有效射程在50米以内。一些微型手枪的发射距离更近，仅有几米到十几米。而特种手枪的射程却可以超过100米。

手枪的用途主要是：指挥作战、防身自卫、特种战斗等。用途不同，其特点也不同，比如，用于作战指挥的手枪，要形状大方、威严，有一定的体积；用于防身自卫的手枪，要小巧轻便；用于特种战斗的手枪，要携带方便、威力大、速度高、射程远等。

第1节　认识手枪

手枪是近战和自卫时经常会用到的小型武器，具有小而轻便，隐蔽性好，能突然开火，在50米距离内有良好的射击效能等特点。它大量装备于各国军队的战斗和非战斗人员。手枪在战场上的作用虽然有限，但对于特种部队和警察来说，它是其他武器无法替代的。

一、手枪的诞生

1.手枪名字的由来

“手枪”名称的来历众说纷纭。英文把手枪叫“皮斯托尔”（PISTOL），德文叫“皮斯托列”（PISTOLE），法文亦叫“皮斯托列”（PISTOLET），西班牙文、葡萄牙文叫“皮斯托拉”（PISTOLA），意大利文亦叫“皮斯托拉”（PISTOLA），读音与葡萄牙文相同，只是拼写稍有差异。荷兰文叫“皮斯图尔”（PISTOOL），瑞典文的叫法与拼写同西、葡文，捷克文叫“皮斯托”（PISTL），俄文叫“皮斯托列特”（ПИСТОЛЕТ）。如果把印欧语系的几十种文字的手枪名称都一一列举出来，就可以发现其读音与拼法均相同或相近，但关于手枪名称的来历却没有相同的说法。

你知道吗

各国人心中都有引以为傲的手枪：美国人将M1911视为传奇；中国人则将毛瑟M1896（驳壳枪）作为英雄的象征；德国军人将卢格P08看作荣誉，而在全世界射击游戏爱好者眼中，沙漠之鹰是威力的完美体现。

▲早期的火枪

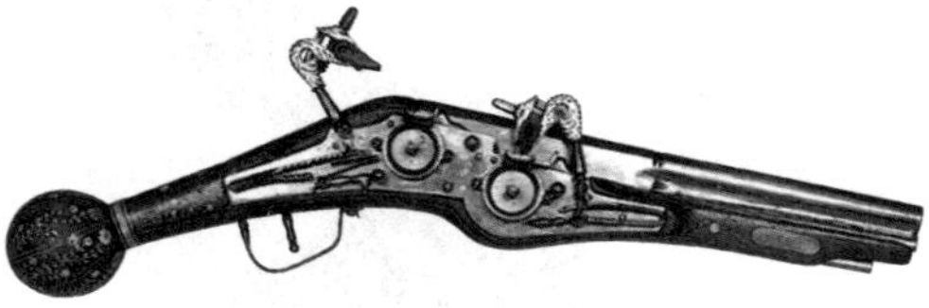

▲前装转轮打火枪

▲火帽击发式手枪

第一种说法：1540年，意大利皮斯托拉（PISTOLA）一个名叫维特里（VETTELLI）的枪械工匠，造了第一支手持火器，以“皮斯托拉”命名。经过考证，这支火器体积较大，且过于笨重，单手射击困难，因此不能算是真正意义上的手枪。

第二种说法：意大利莫登纳公社史上的物资器材清单中列有4支小“希欧皮”（SCIOPPI），就是拉丁文“SCIOPETUM”，其意为“手枪”，记载时间为1364年。

第三种说法：意大利伯鲁几亚公社史上记载有“500支便携式石头弹枪，其长度约230毫米（9英寸）”，时间是14世纪中叶。

第四种说法：古代一种硬币叫“皮斯托列”（PISTOLE），当时手持射击的小型武器口径如同该硬币直径，故以硬币命名。

第五种说法：手枪名“皮斯托”来源于“PISK”这一象声词，也就是说，当时手枪发射时声响像吹口哨的声音一样。

第六种说法：骑兵是最先使用手枪的，不用时放入皮套内，然后挂在马鞍前桥上，马鞍前桥叫“皮斯托娄”（PISTALLO），因此手枪以此得名。

以上种种说法各有其理，哪一种真正符合实际，目前尚无定论。但有两点是明确的，即手枪名称在印欧语系中与“皮斯托”这个发音有关，另一点是手枪必定是和长枪并行发展的。

2.早期自动手枪

在马克沁机枪自动原理的启发下，美国人雨果·博查特于1890年设计了一支自动装填手枪，十分遗憾的是在美国没有受到重视。于是，博查特带着样枪和图纸来到德国，1893年9月在德国通过申请获得发明专利，随后由德国武器弹药制

▲乔治·卢格

▲博查特－卢格手枪

造公司批量生产，称博查特手枪（代号C93）。这是世界上第一种真正意义上的实用型自动手枪，采用枪管短后坐自动方式，肘节式闭锁机构。该枪的握把设计颇具创新，是世界上第一种握把里装弹匣的自动手枪，握把有“虎口弯位”顶住虎口，使握持之手定位。迄今为止，握把里装弹匣的自动手枪握把样式基本上仍是采用这种形式。

奥地利工程师乔治·卢格，曾是博查特的助手和合作者，后来，他的名气渐渐超过了博查特，这是因为他研制了许多性能更加优良的自动手枪。1898年，卢格在博查特手枪的基础上，设计成功一种7.65毫米自动手枪，定名为1898年式博查特–卢格手枪。该枪采用独特的肘节式闭锁机构，做工精美，性能优异，性能在当时手枪中名列前茅，经改进后，成为瑞士军队制式手枪，1900年由德国武器弹药厂批量生产，称M1900自动手枪。

卢格于1902年发明了世界上最著名的手枪弹——9毫米×19毫米巴拉贝鲁姆手枪弹。巴拉贝鲁姆是拉丁文Parabllum的音译，本来意思是

你知道吗

早期的手枪——手枪的最早雏形在14世纪初或更早几乎同时诞生于中国和普鲁士（今德国境内）。在中国，当时出现了一种小型的铜制火铳——手铳。它口径一般为25毫米左右，长约30厘米。使用时，先从铳口填入火药、引线，然后塞装一些细铁丸，射手单手持铳，另一手点燃引线，从铳口射铁丸和火焰杀伤敌人。这可以看作是手枪的最早起源。

“准备战争”。

卢格同时设计了使用9毫米巴拉贝鲁姆枪弹的手枪，欧洲人称这种著名的手枪为巴拉贝鲁姆手枪，美国人则称之为卢格手枪。德国海军首先选用该枪，命名为M1904式。陆军将其定为制式武器是1908年，命名为M1908式巴拉贝鲁姆手枪，简称P08式手枪，一直服役至1938年，至1942年结束批量生产前，经过战争的消耗，存世极为稀少。该枪独特的肘节式闭锁机构、优雅的外观、精良的加工和杰出的安全性、可靠性，在同期手枪中被公认是独具匠心之作。

▲P08 式卢格手枪

P08式有多种变型枪，以枪管长度划分，有102毫米的标准型，152毫米的海军型，203毫米的炮兵型，还有89、120、191、254、610毫米的5种商用型。1914～1918年生产的长枪管炮兵型P08，安装枪托射击，可准确命中200米处的人像靶，最大标尺射程800米，是性能相当卓越的狙击手枪。

3.最早的转轮手枪

1818年，最早的转轮手枪出现，美国人E.H.科尔设计了一种以自己名字命名的转轮手枪，此种枪首次把击发机构和转轮的转动有机地结合在一起。早期的转轮手枪需用手拨动转轮，或用手扳动击锤带动转轮到位，但是没有能够投入使用。世界上第一种真正成功并得到实际应用的转轮手枪，是美国著名枪械设计师塞缪尔·柯尔特发明的。

▲美国制 7 发齐射燧发手枪

▲塞缪尔·柯尔特

▲纽伦堡制造的转轮轮燧枪

你知道吗

1812年，苏格兰牧师A.福赛斯设计制造出击发火式手枪。这种手枪还属于由枪口装弹丸的前装式手枪，操作不便，发射速度也较慢，难以适应作战需要。1825年，美国人德林格发明的德林格手枪，采用了雷汞击发火帽装置，提高了手枪的射击性能。

塞缪尔·柯尔特于1814年6月19日出生在美国哈特福德市，他从小就对手枪痴迷不已。家里收集的各式手枪，每一种都曾被他分解结合，供他探究内部的奥秘。柯尔特在16岁的时候从波士顿乘一艘名叫科沃号的双桅船，进行了一次经好望角到新加坡和印度的长途旅行。在船上，大海美妙的景色丝毫不能引起他的兴趣，好奇心极强的柯尔特钻到了驾驶舱去玩，对舵手操纵的舵轮产生了无比浓厚的兴趣。他经过很长时间的仔细观察，从舵轮的转动原理联想到改进转轮手枪的圆筒式弹仓，一种灵感突发脑海，一种全新的转轮手枪结构浮现在脑海里。柯尔特对转轮的结构进行模仿，融合新式击发枪原理，绘制出了一种新型转轮手枪的草图。

据资料记载，英国博物馆陈列的一种4管转管手枪，对柯尔特设计转轮手枪也有启发作用。

1835～1840年，在东哈特福德兵工枪械师安森·查斯协助下，柯尔特设计的转轮手枪制出了两种可以发射的样枪（现存哈特福德兵工厂柯尔特展览馆），1836年1月25日获得英国专利，专利的核心内容是转轮、弹膛等。柯尔特发明的转轮手枪具有底火撞击式枪机和螺旋线膛枪管，使用锥形弹头的壳弹，一扣动扳机即联动完成转轮和击发两步动作，已经具备了现代转轮手枪的意义，是第一支真正实用的转轮手枪，柯尔特因此被誉为“转轮手枪之父”。

转轮手枪的创新之处是：转轮上通常有5～6个兼作弹仓的弹膛，能绕轴旋转，可使枪弹依次对正枪管和击发机构，子弹逐发射击。射击时转轮是向左旋转的，故称左轮手枪。这种枪的显著优点是结构简单，动作可靠，首发开火迅速，弹仓存弹数清晰可见，发射时如果出现故障，能很轻易地将其排除。

柯尔特除了发明转轮手枪之外，还是一位相当杰出的实业家。他历经很多磨砺之后，把专利和发明变成产品和财富。他在哈特福德等地兴建了以自己名字命名的兵工厂，这些兵工厂在他的管理下都成了国际性著名军工企业。1847～1873年，他的工厂就为美国、英国军队生产了85万支各种型号的转轮手枪，在19世纪中期约20年时间里，柯尔特手枪在世界手枪市场上一枝独秀。

▲M1892 式转轮手枪

▲M1917 式柯尔特转轮手枪

M1892式转轮手枪，在转轮手枪发展史上占有重要地位，1888年，由柯尔特专利武器制造公司高级技术雇员卡尔·J.埃贝茨设计。其结构上的最大特点是：首次采用了一种甩出式转轮弹膛，转轮固定在枪底把前面的摆动架上，并配有滑动卡笋。当向后推动滑动卡笋时，便可使转轮解脱而甩向左边，这样即可退壳和装弹，左轮手枪的名称也由此而产生。美国海军、陆军陆续采用该枪，陆军命名为M1892式新陆军转轮手枪。

M1917式柯尔特转轮手枪是一种大威力的重型转轮手枪，1917年被列为美国军队的制式手枪。该枪的显著特点是：转轮的轴与转轮座的转动部分构成一体，转轮轴里装有退壳器，同时还增设了防早发/偶发保险机构，采用双动击发方式。

你知道吗

目前世界各国装备的手枪的口径有5.45毫米、7.62毫米、7.63毫米、7.65毫米、9毫米、10毫米、11.43毫米和12.7毫米等口径，大约有几十种型号。美国和北约各国采用的是9毫米、10毫米、11.43毫米和12.7毫米等口径。

▲毛瑟 C96

二、手枪的结构

手枪的结构十分简单，一般都是由套筒、枪管、弹膛、扳机、保险机、击锤、弹匣、弹簧等部分组成。在手枪上保险的时候，击锤扳不倒，扳机扣不动，套筒拉不开。只有打开保险，才能压下击锤，子弹上膛。

三、手枪的分类

手枪按用途不同，可以分为自卫手枪、战斗手枪和特种手枪；按照构造不同，可以分为转轮手枪、自动手枪和气动手枪（如运动手枪）。此外，还有专门用于发射信号弹和照明弹的信号手枪和用于执行特殊任务的特种手枪。特种手枪主要包括微声手枪和隐形手枪。

四、手枪的特点

与其他枪械相比，手枪的主要特点是。

（1）质量轻，体积小。军用手枪装满子弹时的质量一般在1000克左右，警用手枪一般在800克左右，随身携带十分方便。

（2）枪管较短，手枪的口径多在7.62毫

▲转轮手枪

▲自动手枪

米～11.43毫米，也有采用小口径的，但大多采用9毫米口径。

（3）采用弹匣供弹。自动手枪和左轮手枪都采用弹匣供弹，自动手枪弹匣容量大，多为6～12发，有的可达20发。左轮手枪的弹匣又是弹膛，容弹量较小，一般为5～6发。

（4）多采用半自动（单发）射击，但也有少数手枪（如冲锋手枪）采用全自动（连发）射击方式。半自动射击的战斗射速为30～40发/分。全自动射击的战斗射速则高达120发/分左右。

（5）美中不足的是有效射程不是很远，一般为50米左右，冲锋手枪的有效射程虽然较远，但不超过150米。

五、发展趋势

随着使用要求的不断变化，手枪也处于不停的发展变化之中。从目前看，主要的发展趋势是：

第一，重点发展双动手枪：从安全和减少手枪操作程序的角度出发，大力发展双动手枪，有的手枪甚至是三动，如韩国的DP-51式9毫米手枪。这种手枪便于突然开火，几乎不会出现走火现象。

第二，大力发展进攻型手枪：进攻型手枪的概念是美国特种作战司令部于1990年11月提出的，它的目的是既作为士兵的自卫武器，又在长枪受损时充当进攻性武器使用。

第三，手枪将被冲锋手枪和小口径冲锋枪取代：手枪由于弹匣容量小、射程近、故障率高限制了它的使用，因此有相当一部分国家提出用冲锋手枪甚至小口径冲锋枪取代手枪。

第四，大力发展大口径手枪：美国M1911A1式11.43毫米手枪虽已被9毫米手枪取代，但1986年4月迈阿密枪战促使美国再度考虑大口径手枪的发展，如美国联邦调查局准备采用10毫米口径手枪。

第五，手枪趋于系列化和弹药通用化：目前手枪除统一弹药口径，使其通用化外，还通过变换枪管、复进簧、弹匣等部件发射多种完全不同的枪弹，以便对不同的需要进行满足。

展望未来，不管手枪的发展进程如何，在相当长的一段时间内，手枪将依然不失风采。

第 2 节　手枪集锦

手枪对于战争胜负的影响而言，无法占据决定性地位，但它却是军队必不可少的装备。即使最现代化的军队，第一线的指挥官、军士和侦察人员亦需要佩带手枪；对于现代化军队中的大量飞机驾驶员、空勤人员和地勤人员，各种军用车辆的司机，火炮、导弹和雷达操作手来说，手枪的配备，将对他们的安全提供一定的保障。手枪使用的广泛也决定了类型的多样性。下面我们就一起畅游名枪世界吧。

非同凡响：纳甘特 M1895 左轮手枪（俄国）

名枪名片	
型号	纳甘特 M1895
口径	7.62 毫米
枪长	203 毫米
全枪质量	0.89 千克
弹容	7 发

纳甘特M1895左轮手枪诞生于俄国沙皇时代，这款手枪一直服役到1950年，是一种性能非凡的武器。

帝俄时期，沙皇俄国国内一直没有自己研制的左轮手枪。1870年，沙皇政府向美国史密斯–韦森公司订购了15万支11.18毫米的史密斯–韦森单动左轮手枪装备军队和警察，称为M1870左轮手枪。1895年，正式采用比利时7.62毫米纳甘特左轮手枪作为帝俄军用与警用手枪，称为纳甘特M1895左轮手枪，并由图拉兵工厂生产。该枪的主要特点是采用气封式转轮，发射时转轮与枪管后端闭锁，以防止火药燃气泄漏。

纳甘特M1895左轮手枪对世界武器史有着杰出贡献：该枪完全杜绝了绝大多数左轮手枪存在的供弹轮与枪管之间气压损失的缺点。当击锤竖起时，供弹轮被

推向锥形枪管的末端，这样就可以使用长形的纳甘特弹药，并能在子弹的长度范围内控制它，使它在开火时获得全部压力以进入枪管。纳甘特M1895的长期服役是这一设计的最好证明，在其服役期间，该枪一直备受赞誉。

一代功臣：TT-33 手枪（苏联）

名枪名片		
	型号	TT-33
	口径	7.62 毫米
	枪长	195 毫米
	全枪质量	0.85 千克
	弹容	8 发

TT-33是苏联著名枪械设计师托卡列夫于1930年设计，图拉兵工厂生产的一种半自动手枪。该型手枪在1930年被苏联采用，并成为苏联的军用制式手枪，又称为托卡列夫手枪。现已淘汰。

你知道吗

1712年，彼得大帝签署沙皇令，在图拉州建起了一座兵工厂，同年2月15日，图拉武器工厂成立，为军队生产武器，至今历经300年，现在仍然是俄罗斯三大轻武器制造中心之一。

口径为7.62毫米TT手枪是苏军装备的第一种自动装填手枪，该枪被苏军官兵赞誉为最忠实的伙伴，因为它具备威力强大、精度高、穿透力强、结构简单紧凑、动作可靠、使用方便等特点。在苏联卫国战争中，托卡列夫手枪立下赫赫战功。

TT-33手枪是世界上最有影响力的手枪之一，除中国进行仿制外（中国命名为54式手枪），还遍布于华约各国、朝鲜、越南及非洲许多国家。

TT-33式手枪采用枪管短后坐式工作原理，在枪管的下方有一个铰链环，挂机柄销插在环中。射击后，枪管和套筒首先一起后坐一段自由行程，然后枪管下的铰链环绕挂机柄销向后转动，迫使枪管下移，使枪管上的闭锁突笋脱离套筒上的凹槽。此时枪管和套筒分离，完成开锁。当套筒推枪管复进簧时，枪管下的铰链环又绕挂机柄稍向前转动，使枪管上抬，闭锁突笋进入套筒座凹槽，实现闭锁过程。

久经沙场：M1911A1 手枪（美国）

名枪名片		
	型号	M1911A1
	口径	11.43 毫米
	枪长	216 毫米
	全枪质量	1.1 千克
	弹容	7 发

美国“柯尔特”M1911式及其改进型M1911A1式是获得赞誉颇多的手枪，有时也简称它为ACP——Automatic Colt Pistol（“柯尔特”自动手枪）。它是由美国大名鼎鼎的枪械设计师和发明家约翰·M.勃朗宁设计而成。

M1905手枪是勃朗宁的设计，于1910年底完成改进。后来勃朗宁将M1905改为单铰链系统，放弃了原来的双铰链闭锁系统。后来经过进一步改进，该枪在1911年被美国陆军采用，命名为M19110.45英寸（11.43毫米）半自动手枪。在总结实战经验教训的基础上，该枪在1912年又进行了一些改进，命名为M1911A1手枪，1926年装备美军。至此之后，M1911A1在结构方面再没有进行大的改动。到目前为止，该枪已经有80多年的历史了，其他同时代的产品如卢格P08手枪、毛瑟M1896手枪、托卡列夫TT-33手枪及瓦尔特P38手枪等，有的手枪型号早已停产，有的退出了装备，只有在一些枪械陈列馆中才能看到它们的身影，而M1911系列手枪，至今仍然装备一些国家的军队或执法机构，由此不难看出勃朗宁手枪的生命力是多么顽强。

M1911是利用后坐力的基本操作原理。弹头被子

弹内的发射药的燃烧气体推出枪管，此时锁在一起的枪管与套筒受后坐力开始向后滑。射出弹头后，枪管与套筒继续一起向后滑一小段距离。然后枪管尾端以铰链为轴向下摆动。这个时候套枪管尾端凸筋与筒内的闭锁凹槽不再锁在一起，而是分离开来。套筒继续后退，爪子抓住弹壳退出枪膛，退子钩弹出弹壳，套筒后退到底。此时复进簧把套筒反弹向前。套筒带动弹匣内下一颗子弹上膛，继续向前，套筒内的闭锁凹槽与枪管尾端凸筋对准，枪管尾端以铰链为轴向上摆动，枪管与套筒再次锁在一起。套筒与枪管继续向前滑一小段距离，枪管回复水平线。

M1911系列采用双重保险设计，握把式保险需要以掌心保持按压才可发射，松开保险制时扳机与击锤间的传动凸齿因无法连接从而阻止意外击发。另一个别出心裁的设计是位于手枪枪身左面手动保险，在保险状态下会锁紧击锤及阻铁，套筒也无法复进，另外也有些厂商生产的M1911A1采用击针保险。

在20世纪初，在当时科技不是很先进的条件下，设计M1911 0.45半自动手枪并不是轻而易举的事情，但约翰·勃朗宁却设计了一款经得住岁月考验的M1911 0.45半自动手枪，在它漫漫的发展长河里，没有人能对其原始设计作出任何重大改进。

精准打击：柯尔特 M2000（美国）

名枪名片

型号	柯尔特 M2000
口径	9 毫米
枪长	190.5 毫米
全枪质量	0.82 千克
弹容	15 发

第一次世界大战结束后，在M1911的基础上，经过不断的演变发展又研制成功了M1911A1型手枪，此枪在美军中的服役时间长达70年，直到1985年美军重新对手枪进行选择时，意大利伯莱塔公司研制的伯莱塔92F型手枪才将生产权一举夺走。落选的柯尔特公司并未

因为此次的失利而意志消沉，柯尔特公司于1991年4月买下了由著名枪械设计师里德·奈特和尤金·斯通纳领衔研制设计的新式手枪，并命名为柯尔特M2000型自动手枪。

M2000型手枪为枪管后坐式，这种结构的特点是枪管与套筒共同向后移动，然后开锁。这一结构类似于M16步枪的枪机原理，但该枪的闭锁面比M16枪机的大50%，采用枪管回转开锁原理，当枪弹击发后，枪管和套筒锁在一起，作为一个整体向后运动，这样的设计不但减小了后坐力，而且会一发一发地高致性射击，可达到高射击精度的要求。M2000型手枪为双动发射的半自动手枪，每次射击，扳机力都是恒定的，与其他手枪不同的是，在射击时要掌握两种不同的扳机力滚柱支承的扳机保持改线运动，这点有助于射手稳定地扣压扳机，释放扳机则无须多余行程。该枪可不带弹匣发射，释放套筒操作简单，手握持握把即可操作。弹匣卡笋可双向推动，适合左右手操作，扳机护圈前方和咬握把刻有花纹，可以使使用者在射击时便于握持和瞄准。M2000型手枪可以分为7个大的组件，在野战进行分解与结合十分方便。

柯尔特M2000的通用性也同样不容小觑。该枪的枪管可与标准的11.43毫米枪管实现互换，且不需要任何特殊工具。

邦德推荐：瓦尔特 P38/P1（德国）

名枪名片		
	型号	瓦尔特 P38/P1
	口径	9 毫米
	枪长	213/218 毫米
	全枪质量	0.84/0.772 千克
	弹容	8 发

1938年，德国著名的瓦尔特兵工厂设计的P38型手枪作为德军的标准配置，在第二次世界大战中，成了德国法西斯到处逞威的工具。就单兵武器而言，P38的确是一种设计得十分优秀的手枪。它设计简单、安全可靠、易于大批量生产。其实在紧急情况下，迅速开火比瞄准更为重要，所以该枪具有双重制动特性，仅须简单地扣动扳机就可以完成竖起击铁和射出枪膛里的子弹这一系列动作。

第二次世界大战以后，德国作为战败国，其武器生产是受到明令禁止的。但是冷战随之开始，P38得以重新生产。当时，由于测试的名称是P1，于是联邦德国军方在决定采用之后，便以P1这个名称来作为再生产型P38的制式名称。

由于P1型是瓦尔特P38型手枪的衍生型，因此从机械结构上来看，两者可以说是没有什么大的差别。由于配备了双动式扳机系统，因此它的第1发子弹的速射性能是相当优异的。此外，该型手枪的枪管和滑套的锁耳是互相独立的，而且由于枪管具有水平低反冲的特性，因此命中率十分高。

1886年，德国瓦尔特公司成立。100多年来，该公司生产了一系列击锤击发式手枪。但击锤击发式手枪有很明显的缺点：一是击锤外露，必然在击锤和套筒之间留有空隙，外界杂物容易进入机构内部，导致机构失灵；二是扳动击锤时容易失手，使击锤向前打击击针，从而击发枪弹，十分容易引起意外走火；三是击锤击发

式手枪机构相对复杂，质量大，外表没有无击锤的击针式击发机构的手枪平滑。

瓦尔特P88手枪是一款设计十分新颖的手枪，它舍弃了该公司采用时间长达50年的独特闭锁原理，而改为采用勃朗宁的闭锁系统；采用了类似SIG手枪的改良式倾斜枪管凸缘闭锁机构，使制造与加工变得更为容易。另外它还采用与勃朗宁HP手枪相同的大型复进簧，射击所产生的后坐力得以降低。

瓦尔特P99是瓦尔特在1994年以P88为基础重新设计了一种适合平民自卫或执法人员使用的半自动手枪，该枪吸收了市场上许多新产品的研究成果，如聚合物制成的整体式底把。瓦尔特的这种新手枪在1996年对外公开，并命名为P99自动手枪。

P99手枪集中体现了瓦尔特公司设计人员的许多创新性思维及先进技术。如枪身首次采用聚合玻璃纤维材料制造，其坚固性与耐磨性大大高于钢材；握把部分设计了3种尺寸可供不同手掌大小的人选择，有效避免了东方人手掌较小握枪不紧的困扰，其握把的舒适性与全枪的平衡感给人留下难以磨灭的印象。

手枪经典：P2000型手枪（德国）

名枪名片

型号	P2000
口径	9 毫米
枪长	173 毫米
全枪质量	0.62 千克
弹容	最少 10 发

P2000手枪是德国黑克勒和科赫责任有限公司（简称H・K公司）在2001年研制的一款半自动手枪，通常有9毫米、9.5毫米、10毫米三种不同的口径。

你知道吗

H·K公司是德国著名枪械公司，也是世界上最有影响力的军火公司之一，曾设计生产G3、G36、USP手枪等著名枪械。

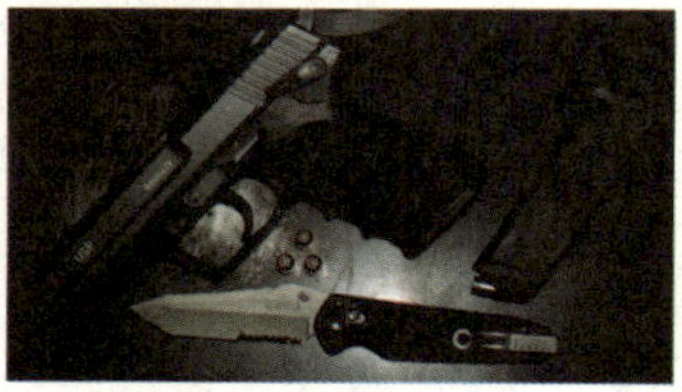

P2000主要装备于执法机关、准军事和民用市场。目前，P2000正被德国联邦警察、联邦特工和美国海关及边境保卫局的成员所使用。

P2000是以紧凑型LJSP手枪的各种技术作为基础而设计的。它使用了独特的改进设计，减少了操作时所造成的压力，并同时增加使用者操作和射击时的舒适度，更符合人体工程学的特点。

P2000是一把短后坐行程作用操作、闭膛待击半自动手枪，它使用了改良勃朗宁式无闭锁凸耳的枪机，垂直倾斜枪管的设计则来自USP系列自动装填手枪。

枪管是由钢材经过冷锻和镀铬工艺制造而成，具有多边形的轮廓。套筒材料是由硝酸渗碳所制成的钢材，十分坚硬。遵循现代手枪的设计，P2000也大量地采用耐高温、耐磨损的聚合物及钢材混合材料以此减轻全枪重量和降低生产成本。

与H·K公司同时期所设计的手枪一样，P2000也采用了模块化设计，以满足不同人士的需要。如手枪握把使用了模块化的可更换式后方握把片，使用者可以根据自己手掌大小而调节手枪握把的形状和尺寸。紧跟时代潮流，P2000在套筒下、扳机护圈前方的防尘盖整合了一条通用配件导轨，以安装各种战术灯、镭射指示器和其他战术配件。安装时完全不需要使用任何辅助工具，十分稳固。

P2000使用外置式击锤，还有一种可选的缩短型击锤。它装有非常灵巧的套筒锁（空枪挂机杆）和弹匣卡笋，安装在扳机护圈附近的两侧，左右手都可以十分方便地操作，进而快速识别弹尽和更换弹匣。各个衍生型的扳机和扳机系统提供了转换扳机射击模式的可能性，能很自如地由第一种操作模式转换到另一种操作模式。

美军首选：伯莱塔 92F 手枪（意大利）

名枪名片		
	型号	伯莱塔 92F
	口径	9 毫米
	枪长	217 毫米
	全枪质量	0.95 千克
	弹容	15 发

伯莱塔公司生产的手枪曾多次被意大利军队列为正式装备，与此同时也被世界上其他许多国家采用。美国空军于1978年提出采用一种新的9×19毫米口径半自动手枪，用以取代已经过时的柯尔特M1911A1半自动手枪。JSSAP（美国三军轻武器规划委员会）代表空军向几家著名的枪械公司发出邀请。其中，92F手枪在手枪选型中击败众多对手。一跃成为美军新一代军用手枪。

你知道吗

意大利的皮埃特罗-伯莱塔有限公司是世界上最古老的枪械生产工业组织之一，早在16世纪初期，伯莱塔家族就已经开始生产轻武器了。伯莱塔标志中那3支带环的箭的符号代表的意思分别是：容易瞄准，弹道平直，命中目标。

BERETTA

▲伯莱塔公司标志

伯莱塔92F手枪射击精度极高。该枪的开闭锁动作是由闭锁卡铁上下摆动而完成，避免了枪管上下摆动时对射弹造成的影响。据相关测试表明：伯莱塔92F手枪在风沙、尘土、泥浆及水中等各种各样的恶劣战斗条件下均能适应，其枪管的使用寿命高达1万发，即使从1.2米的高处落在坚硬的地面上也不会出现偶发事件。伯莱塔92F的各个单项性能并不是最优秀的，但是，该枪却具备动作可靠、故障率低、价格适中，综合性能出众等众多特点。海湾战争结束后，伯莱塔公司收到了许多使用92F式手枪的美国军官的感谢信，他们一致称赞该枪的性能良好。

伯莱塔92F的维修性好，故障率低，一旦在战时损坏，较大故障的平均修理时间不超过半小时，小故障在极短的时间内就可以自行解决。

自1945年意大利军队采用伯莱塔手枪作为制式配枪之后，伯莱塔公司的业务突飞猛进。第二次世界大战即将结束时，德国被苏联占领，其中瓦尔特厂整个被搬到苏联，原厂只剩下狼藉一片，而伯莱塔工厂由于位处深山，不但躲过了盟军的轰炸，也因意大利最早投降而保持了工厂的完整性，使其能得以继续研发手枪，并推出了深获好评的运动枪支。1976年，伯莱塔推出M84型手枪，此时，伯莱塔的风格早已完全呈现出来——符合人体结构学的握把、击针保险、节套卡笋与节套固定销采用分离式设计、单片式扳机及战斗表尺、双排弹匣、左右手皆可使用的保险等。

沙漠之鹰：IMI“鹰”系列手枪（以色列）

名枪名片		
	型号	IMI“沙漠之鹰”
	口径	12.7 毫米
	枪长	267 毫米
	全枪质量	2.05 千克
	弹容	7 发

“沙漠之鹰”是美国麦格农公司和以色列IMI公司联合研制的自动手枪，以火力猛烈而著称，刚刚问世就受到了众多收藏家和枪械爱好者的疯狂追逐。麦格农公司在此之后又推出了许多“鹰”系列枪支，不过取得的成就都不及“沙漠之鹰”。

麦格农研究所于1979年在美国明尼亚波尼斯市组建，并计划推出一种能射击357麦格农子弹的新型手枪，主要功能为打靶或打猎等，并将此计划定名为“麦格农之鹰”。由公司创办人兼枪械工程师B.怀特来主持技术细节和开发工作，1981年推出了“沙漠之鹰”最早的原型枪，1982年公布消息，1983年通过申报得到其设计专利。

在当时技术并不完善的条件下，该枪在供弹系统上还存在一系列问题，但由于生产商资金和技术实力不是很强大，为弥补这些缺陷并将此枪更快推向市场，麦格农研究所便寻求与国内外大公司合作。最后由“以色列军事工业”（IMI）接

手改良，经过不停的试验和改进，于1985年得到了现今沙漠之鹰的设计专利。

由于美国政府于1992年开始对进口枪支进行要求与限制，因此该枪的制造流程改成以色列军事工业制造零件，接着运往麦格农研究所负责零件的组装以及后续加工，如镀金或进行抛光等，对枪管进行更为精细的加工，并最终在美国销售。

“沙漠之鹰”比较笨重，枪身加上空弹匣就已有1.9千克。在诸多使用短后坐行程或气体反冲式结构的手枪之中，“沙漠之鹰”的设计极为与众不同，这是因为它使用了麦格农这种高威力的子弹，使用一般手枪的设计会使闭锁的强度不足，所以IMI公司将突击步枪上所使用的瓦斯驱动与闭锁装置直接挪用到“沙漠之鹰”上。

“沙漠之鹰”的枪管是固定在枪身座上，而瓦斯导管位于枪口内约1厘米处，导管再连接瓦斯缸管，活塞则位于滑套前缘，当滑套装入枪身两侧复进导槽时，活塞位置正好在瓦斯缸管内，为能更进一步降低后坐力，“沙漠之鹰”手枪采用两根平行的复进簧。

除此之外，该枪的另一特色是枪机部分，它采用旋转式枪机，枪机上有闭锁凸耳能与枪膛紧密结合。当击发子弹后，弹头出枪口的同时，高压瓦斯由导管进入缸管内，高压瓦斯会驱动滑套后移，滑套后移时会连动枪机旋转开锁并将弹壳退出，在滑套往后移动时，亦会将击锤压下呈待发状态。因受复进簧弹力再驱使滑套前行，并将弹匣内子弹顶入枪膛后，枪机旋转成闭锁状态。这套瓦斯驱动装置十分有效地将手枪的后坐力化解，稳定性良好，这也使该枪射击时非常精准。

另外该枪最大容弹量仅7发，持续火力不足是“沙漠之鹰”的主要缺点。

枪牌手枪：勃朗宁 M1900 手枪（比利时）

名枪名片

型号	M1900 式
口径	7.65 毫米
枪长	162.5 毫米
全枪质量	0.62 千克
弹容	7 发

勃朗宁于19世纪末开始研制手枪，他研制出的产品大多数经由比利时的FN国营兵工厂和美国的柯尔特武器公司、雷明顿武器公司负责制造。

M1900式手枪是世界上第一种自由枪机式自动方式手枪，这一别出心裁的设计使勃朗宁成功获得专利。比利时的FN兵工厂于1900年获得勃朗宁M1900式手枪的生产特许权并开始制造该枪。后来该手枪被比利时军队采用，列为制式手枪。并且将该枪的全称定名为勃朗宁M1900式手枪。

勃朗宁M1900式手枪是由枪管、套筒、握把和弹匣组成的。发射的枪弹为7.65毫米的半突缘式勃朗宁手枪弹。6条膛线被设置在枪管内，导程一般为230毫米。

你知道吗

1900年，勃朗宁设计出第一把M1900自动手枪。1914年，一个叫普林斯的枪手在萨拉热窝刺杀了斐迪南大公，由此引发了第一次世界大战。普林斯行刺时使用的就是M1900式手枪。

▲约翰·摩西·勃朗宁

勃朗宁M1900式手枪在击发后，火药爆燃推动弹头向前运动，与此同时也推动套筒向后运动，从而完成抽壳、抛壳等一系列动作，并压缩复进簧。套筒后坐到位后，复进簧伸张，套筒复进，将次发弹推入弹膛，击针尾端则被击发阻铁所阻停止前进，手枪呈待击状态。该枪无论从设计上还是性能上讲，都是相当经得住考验、值得称赞的一款手枪。

长寿之枪：勃朗宁 M1935 手枪（比利时）

名枪名片		
	型号	M1935 自动手枪
	口径	9 毫米
	枪长	197 毫米
	全枪质量	0.99 千克
	弹容	13 发

在世界上众多手枪型号之中，勃朗宁M1935大威力自动手枪是应用得非常广泛的手枪之一。由于其良好的射击精度、较大的弹容量，至今仍在现代手枪的结构设计中占有重要一席。不容忽视的是，M1935也是一款“长寿”武器，在问世70多年后，其魅力

依然不衰。目前，澳大利亚、南非、英国等国军队仍然继续使用勃朗宁M1935大威力手枪。

M1935手枪在西方国家被称为“勃朗宁大威力自动手枪”。该枪相对于当时的欧洲人来说，威力的确不容小觑，其枪口动能达到490焦耳，在50米的落点动能达到365焦耳。能量如此之大，杀伤相应距离内的无防护有生目标简直就是轻而易举。

M1935手枪的弹匣容量达了令人咋舌的13发，与当时流行的自动手枪仅7～10发的弹容量相比，也是极为空前的。这使得该枪的使用者拥有更强的单兵火力，对近距离作战具有重要意义。

M1935完全由钢件制成，结实耐用，尺寸较传统的勃朗宁手枪明显加大，线条简练，给人以粗犷、坚实的感觉。这样的设计更多地凝聚了制造者的丰富想象力，结构新颖、设计独特，在当时来说属于创新型产品。

第二次世界大战前夕，比利时FN公司共生产了约3.5万支M1935手枪。第二次世界大战结束后，M1935除装备了比利时的军队和警察外，还大量出口。到20世纪末期，全球大约有50余个国家和地区的军队或执法部门装备了M1935手枪。空前的销量让M1935蜚声世界，真正成为了一款公认的著名手枪。

名枪典范：CZ83手枪（捷克）

名枪名片	
型号	CZ83 手枪
口径	7.65 毫米
枪长	183 毫米
全枪质量	0.65 千克
弹容	12/15 发

捷克CZ83式手枪是世界著名的十大名枪之一。20世纪70年代捷克的Koucky兄弟推出了一支集其他世界名枪优点于一身的CZ75型9毫米双动手枪。CZ75手枪精巧的布局、合理的人机工效及能够实施转换套件的设计思想，令其一发不可收拾，此后又出现了CZ85、CZ97B、CZ85B、CZ83、CZ100等各种衍生型号，在众多的型别中，CZ83是最具有代表性的产品。

你知道吗

> “CZ”公司全名为Ceska Zbrojovka，通常的汉语译法为“塞斯卡-直波尔约夫卡”兵工厂，1919年创立于捷克第二大城市布尔诺市（故也称布尔诺兵工厂），初期以生产手枪为主，逐步扩大到其他轻武器生产。该工厂生产的最著名的作品是ZB-26轻机枪。1920～1939年的十余年间，是捷克轻武器工业最辉煌的时期，CZ公司就是在那一段日子里迅速成长起来的。

CZ83式手枪采用传统的自由枪机式工作原理，双排弹匣供弹，弹匣卡笋不管是左手还是右手都可以进行很方便的操作。CZ83式手枪还设计有分解保险，在弹匣没有被取下的状态下，不能对手枪进行分解。该枪另一出色的设计是扳机护圈较大，便于射手戴手套时射击。

CZ83式手枪采用矩形缺口照门，两侧各有一个白点；片状准星，其上有一个白点，便于夜间射击。该枪具有以下出众特点：一是人机工效好。该枪的握把设计以人体工程学为基础，发射机构采用的是双动原理，使用简便快捷。二是弹药通用性好。转换套件的设计思想，使该枪能够使用多种型号的枪弹，简化了后勤保障及武器对枪弹口径的依赖性。

陆战新秀：格洛克 17 式手枪（奥地利）

名枪名片		
	型号	格洛克 17 式
	口径	9 毫米
	枪长	186 毫米
	全枪质量	0.68 千克
	弹容	17/19/31 发

奥地利陆军在20世纪80年代试图寻找一支新手枪以取代服役多年的德国瓦尔特P38自动手枪，格洛克公司得到了该项目订单。

当时的格洛克公司刚刚起步，还没有什么名气，得到该订单后，格洛克公司十分珍惜这次难得的机会。他们首先邀请了奥地利军方人士及北约组织的高级将领，认真听取他们的意见，然后组织研究人员将这些意见整理出一个清晰的框架要求，作为开发新手枪的着力点，并表示外形、结构要全新设计，采用新材料和新的工业技术制造。格洛克公司生产的新手枪在1983年问世，并开始接受奥地利陆军的各种严格的试验，试验结果令人相当满意，于是奥地利陆军正式采用，并命名为M80。而这支新手枪的商业名称就是格洛克17式手枪。

你知道吗

很多人都认为格洛克公司在20世纪80年代推出的GLOCK17是世界上最早大量采用工程塑料的手枪（所谓“大量”的定义是至少握把这样的大部件是采用工程塑料的），其实世界上第一支大量采用工程塑料的手枪应该是H·K公司在1968年设计的VP70冲锋手枪。

格洛克17式手枪的外形十分简练，简洁到看

起来方方正正，完全不像传统的手枪外形设计那样讲究曲线的运用。实际上，这样的设计十分符合实战应用，便于随身携带和使用。手枪握把与枪管轴线的夹角比任何手枪都要大，这个角度是根据人体手臂自然抬起的瞄准姿势与身体的角度而定的，因此几乎不用瞄准便可举枪射击，这样的设计在突然遭遇的近战中十分受用。

格洛克17式手枪经受了奥地利陆军各项严格的试验，包括冰冻、风沙、浸泡海水、烂泥等环境，据说被10吨重军用卡车碾压过后，它的工程塑料部件都没有损坏，仍然可以继续使用。

格洛克17式手枪还能在水中射击，虽然不是专用的水下手枪，但一些“蛙人”作战部队都会装备这款手枪以备不时之需。除了17发的弹匣外，格洛克17式手枪还可以使用19发弹匣和格洛克18式手枪所用的31发弹匣。

枪中贵族：辛格 P210 手枪（瑞士）

名枪名片		
	型号	辛格 P210
	口径	9 毫米
	枪长	215 毫米
	全枪质量	0.90 千克
	弹容	8 发

辛格P210是瑞士著名军火公司辛格公司在20世纪40年代为瑞士军队设计的一款手枪，于1949年定型，曾经有一段时间被称为“49式手枪”。P210手枪的知名度极高，有“手枪界的劳斯莱斯”之雅称。

P210的套筒和枪管并不能像其他枪一样进行大规模机械制造，主要机械部件都必须进行仔细的人工车削，与枪架一样配套制造，分别打上相同的号码。这也是不能对此进行大规模生产的原因之一，也正因为如此，P210成为射击爱好者和收藏家的宠儿。

辛格P210是每一位枪迷和手枪收藏家心中梦寐以求的“神枪”，这主要是因

为它无与伦比的准确性和完美得无懈可击的可靠性。有人曾在50米远的地方射击，将所有子弹都打进一个近似小十字架形状的弹孔里面。就算使用步枪，打成这种水平也是很难的。还有人曾宣称：在100米范围之内，一个优秀的射手可以用辛格P210同AK-47对抗。

20世纪80年代，美国在决定为部队换手枪的时候，就对辛格P210进行了相关检验。他们对所有可能使用的手枪进行了近乎破坏性的试验：摔打、盐水泡、沙土侵蚀等。最后，P210在众多对手中脱颖而出，当然包括冠军贝雷塔和自己的兄弟、准冠军辛格P226。

一支辛格P210的制造成本是其他名牌手枪的几倍，如此昂贵的价格以至于它的产量极少。但这并不妨碍枪手们对它的热爱，曾经有人这样说：“使用一次P210，你就不会喜欢其他枪。”

袖珍警枪：辛格 P230 手枪（瑞士）

名枪名片

型号	辛格 P230
口径	9/7.65 毫米
枪长	168 毫米
全枪质量	0.46 千克
弹容	7 发

P230手枪是辛格公司于1977年发布的、并由德国的SAUER公司进行销售的一种中型、中口径半自动手枪。P230的特色，在于它配备有双动式扳机系统及击锤管制系统。由于该型手枪在设计时的重点主要是高级军官及便衣刑警，因此为了缩小手枪的体积，只有采用单排式弹匣的设计。

因为P230使用低威力子弹，因此无须采用闭锁装置，它的枪管以弹簧销固定

在枪身座上，复进簧则直接缠绕在枪管上再套上滑套，这使P230经快速分解后仅有四项组件，保养步骤得以大大简化。

虽然P230是一款小型枪，但撞针保险、击槌释放钮、双动扳机一应俱全，所以是一种安全系数极高的手枪，因它无外部保险钮而使全枪外部极平滑，再配以单排弹匣，它的宽度仅有31毫米，因此适合隐藏携带，美国不少联邦探员除随身佩有制式手枪外还会选择P230作为自卫手枪。

P230的整体结构十分流畅，对于所有中型、中口径的半自动手枪而言，其射击感几乎都没有不同，但是P230由于扳机结构制造精细，因此在扣动扳机时的滑顺感方面，令人耳目一新。

因为P220在当时的市场上反映相当不错，因此P230在推出后各国反应不大。1994年这一局面发生很大程度的转变，因为P230的低威力不会对嫌犯造成重创，并且低威力弹药不会殃及无辜路人，所以日本警视厅决定采用P230为警员新一代配枪，总数量达10万支。

P230手枪自1997年停产并改由P232手枪接任，P232手枪与P230手枪外形完全相同，只是P232在内部机械结构作了改良，而使手枪性能有所提升。

第③章　枪械元老——步枪

步枪是指有膛线（又称来复线）的长枪。主要用于发射枪弹，杀伤暴露的有生目标，有效射程一般为400米；也可用步枪上的刺刀、枪托格斗；有的还可发射枪榴弹，具有点面杀伤和反装甲能力。步枪按自动化程度分为非自动、半自动和全自动三种，现代步枪多为自动步枪。

第1节 认识步枪

步枪是肩抵式单兵射击武器。结构主要包括：枪管、弹仓、枪托、扳机、准星等，附属零部件是刺刀。步枪是一种单兵对射武器，在战斗中，一般是在依托一定掩体的情况下，相向射击。当敌对双方近在咫尺时，往往来不及射击，于是就转为拼刺刀。

一、步枪的诞生

1.步枪的起源

利用火药的爆燃抛射性能推送弹头的火器，是中国最早发明创造的。南宋时期出现的一种竹管突火枪，被世界公认为最早的管形射击火器。欧洲在15世纪出现最原始的步枪，即火绳枪。以后随着点火装置的改进，火绳枪又被燧发枪取代。这时的步枪还都需从枪管前端装弹，十分烦琐，极为不便，直到19世纪40年代后期，后膛枪开始代替了前装枪。步枪的发展大致经历了沐斯凯、来复沐斯凯、来复枪三个阶段。

▲竹管突火枪

（1）沐斯凯（鸟铳）

沐斯凯是一种旧式枪械，在现代也称火枪，是为步兵而设计的前装滑膛长铳，亦有后装弹药的种类，但因会漏较多气而减弱威力，因此不经常采用。

沐斯凯最早出现在公元16世纪的西班牙人领地尼德兰（今荷兰）发生的叛乱事件里，总督阿尔伯公爵发配了大型的火绳枪进行镇压，一段时间之后，全欧地区都纷纷配备了这种武器。

沐斯凯刚出现时是专指一种大型版的火绳枪，需要用支架辅助射击，这种大型化的火绳枪通常长至1.8米，重量约10千克，使用的子弹每颗50克～60克重，是当时普通火绳枪的两倍，所以非常沉重而需要使用支架来协助射击。

▲清乾隆御用鸟枪

你知道吗

实际上，步枪的起源，最早的记载是中国南宋时期出现的竹管突火枪，这是世界上最早的管形射击火器。随后，又发明了金属管形射击武器——火铳，到明代又有了更大的发展。15世纪初，欧洲开始出现最原始的步枪是火绳枪。到16世纪，由于点火装置的改进发展，火绳枪又被燧发枪取代。

16世纪，装备着“大型版”沐斯凯的士兵是整个火绳枪兵与长枪兵所组成的阵式的重要支柱。到了18世纪初期，出现一种轻量化版的沐斯凯，并改用簧轮式、燧发式与雷管式的点火装置。子弹后来也改用米尼子弹，并可装上刺刀。发射时用肩部、肩部上方、胸前作为抵住的稳定点，但自17世纪末以来，欧洲各国都统一了火枪的稳定点为肩部。

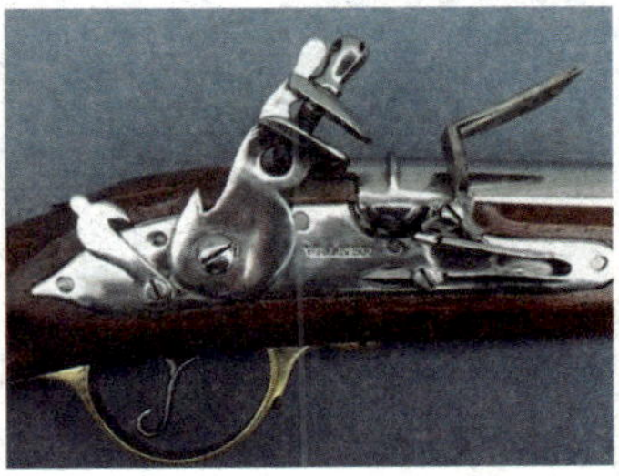

▲燧发枪击发装置

（2）来复沐斯凯

伴随弹丸与点火击发装置的进步，19世纪时，来复线被使用在军事武器上，这时“来复沐斯凯”开始出现并迅速得以普及。与之前的沐斯凯相比，来复沐斯凯因为枪管内壁来复线的使用，使得射出的弹丸飞行速度更快更稳定，射击精度也更高。来复沐斯凯一度成为19世纪时期的主流步枪。

最开始的来复枪有的还配备有火药牛角。火药牛角是一种用于存放火药的特殊容器，状似牛角故而得名，但通常不被正规军队采用。

▲后装枪

你知道吗

从滑膛枪到线膛枪——古代的火枪大都是从枪口装填弹药，枪膛内无膛线的前装式滑膛枪。最早的枪膛内带有膛线的火枪诞生于15世纪初的德国。但当时还只是直线形的沟槽，这是为了更方便从枪口装填弹丸。据文献记载，意大利最迟在1476年就已有螺旋形线膛的枪支。

（3）来复枪

自18世纪出现了后填装式枪，19世纪出现了定装弹药后，有膛线的枪械成为了主流，而完整子弹包、后膛装弹与直接再发射可以被做到后，来复枪逐渐取代了来复沐斯凯，“沐斯凯”这个名词也渐渐淡出人们的视线。

2.步枪早期的发展

19世纪80年代，尽管促使各国军队将自己装备使用的武器从单发步枪转变为连发步枪的原因属于强制性的，但在当时，他们实施该种转变的过程还是相当从容。但是，对于众多民众来说，他们还是需要继续使用军方过剩的武器装备，因为这些武器价格相对低廉；如果有支付能力的话，则可以采购温切斯特步枪。在选择新式步枪的过程中，经常会因为某种原因而使这一进程被推迟，有时这种推迟属于一种意外情况，有时则是臃肿的官僚机构办事不力导致的。在当时，没有人会对这种推迟产生怀疑，事实确实如此，因为在当时有一项发展项目即将完成，而该项目一旦完成，就会在一夜之间使当时所有的大口径黑火药步枪成为老化、过时的枪型。

19世纪60～70年代，在不增加总负载量的基础上，增加士兵所能够携带的弹药量，人们对步枪小型化的可能性开始予以足够的重视，而且出

▲击发枪击发装置

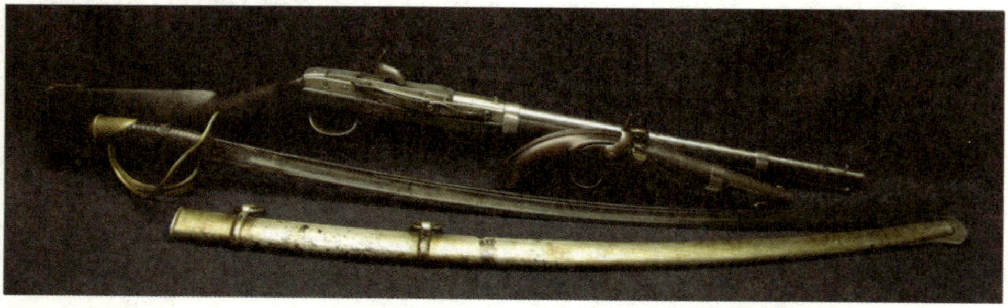

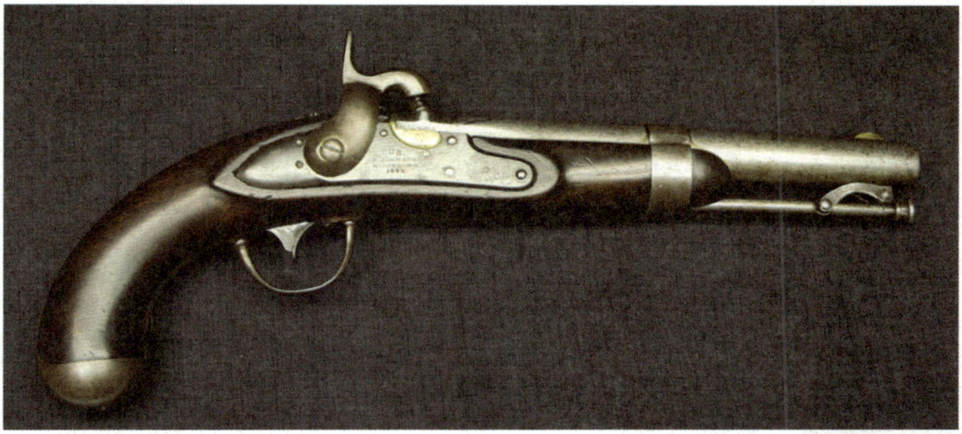

于相同目的，美国已经在一个世纪之前就开始缩小步枪的口径了。步枪小型化是枪支发展过程中的一个长期性的发展进程，而且到一个世纪之后，该种发展同样具有让人无法抗拒的魅力。近代早期步枪的发展主要表现在：

（1）更小口径的步枪

根据简单的理论计算显示，对于使用黑火药推进的步枪子弹来说，其口径可以减少到某一最小值而继续发挥应有的功能，用专业术语来说，就是步枪子弹的口径最小可以达到9毫米（0.35英寸）。该种计算是以一条简单的物理定律为基础，即子弹的动能与质量和速度成正比。为了使子弹具备同样的冲击动能，如果减少子弹的质量，就必须按比例增加子弹的飞行速度；与此同时，为了使子弹发射时产生的后坐力保持在枪手能够承受的范围之内，弹壳中装入的黑火药重量也有一定的限制。除此此外，保持子弹质量不变，减小子弹直径的同时增加子弹的长度并不是理想的选择，这是因为如果采用该种结构的子弹，在子弹飞行过程中则需要按一定比例加快子弹的旋转速度，以便使子弹的飞行方向持续保持稳定，而这意味着需要装入更重的弹药来克服深膛线产生的阻力，这就会再一次增加枪支的后坐力。实际上，我们需要的是更新型的推进燃料。与黑火药相比，新型燃料的爆炸必须更为完全、更易于控制，其目的便是为了能够给子弹提供持续的推进力。

（2）新式推进燃料

1846年，意大利化学家索伯尔诺首先发明出新式炸药——硝化甘油，该种炸药在跌落或甚至在发生摇晃的情况下就会发生爆炸。20年后，瑞典化学家诺贝尔

▲阿尔弗雷德·贝恩哈德·诺贝尔是瑞典化学家、工程师、发明家、军工装备制造商和炸药的发明者。诺贝尔一生的发明极多，获得的专利就有255种，其中仅炸药就达129种。他利用他的巨大财富创立了诺贝尔奖，各种诺贝尔奖项均以他的名字命名

解决了处理硝化甘油的某些难题。当时，诺贝尔发现了一种名叫硅藻土的物质，该种物质可以吸收三倍或四倍于自身重量的硝化甘油，根据硅藻土的该种特性，诺贝尔发明了性能更为稳定的硝化甘油炸药，正因为该项发明，诺贝尔随之获得巨大财富。

其实，塞费尔·佩娄兹早在1838年就通过用浓硝酸处理棉花制造出一种高度易燃性物质，这一过程最后导致了硝化纤维的发明。另一位瑞士化学家约翰·克里斯廷·斯科贝恩在处理棉花的过程中使用了硫酸，于1846年生产出后来闻名于世的火棉。保罗·维艾尔勒首次合成了具有实用意义的推进燃料，他将火药棉、酒精和醚的混合物制成胶状物质，进而生产无烟“B火药”。尽管上述易燃性物质均已经发明，但通过混合硝化棉与硝化甘油将以上两种生产方法进行联合的重任就落到了诺贝尔肩上。该种新型混合物与火药一样，是一种更为先进的炸药，与烈性炸药相比，通过改变其物理形态就可以对燃烧率实施控制。它的出现奠定了现代无烟推进燃料的发展基础。

（3）无烟火药

由于维艾尔勒发明的“B火药”燃烧时产生的气体是黑火药燃烧的三倍，因此，该种火药可以产生极大的推进力。但该种火药也有缺点，主要是它的燃烧温度极高，火药在枪管中的高温燃烧会降低枪管的使用寿命，为了使该种火药发生爆炸，需要使用更为坚固的引爆火药外壳。但与此同时，该种火药能够满足枪支的后坐力与子弹射速的需求，使用该种火药之后，不仅能够提高子弹的发射速度，而且可以减少子弹发射时的后坐力，这完全归功于该种火药的燃烧过程比黑火

▲无烟火药

药更缓慢。奇怪的是，后来通过在硝化纤维中混合更易爆的硝化甘油、一种矿物以及抑制剂石墨等，使“B火药”的性能得到了进一步调整。

3.近代步枪的发展

随着黄铜弹壳的问世，连发武器的设想已经越来越接近现实。在此基础上，可以使武器的使用过程机械化，应用射击后坐力或推进气体使整个发射过程循环往复进行、开放后膛、向后推动受复进簧支撑的枪栓或闭锁装置、将废弹壳退出，同时使弹匣中的下一发子弹离开弹匣，在弹膛重新闭锁之前将子弹装入弹膛，再次击发步枪进入下一轮发射过程。

机枪发明家海勒姆·史蒂文斯·马克沁首先对此原理进行了论证。他在1883年6月26日通过申请获得专利，在描述自己专利技术的序言中，马克沁这样描述：“我的发明是一种机械装置，设计目的主要用于连发式或弹匣式步枪，当前最著名的便是温切斯特步枪。该项发明主要用来利用步枪或其他武器的后坐力来运作后膛装填机械。应用该种方式制造的武器在发射子弹之后，后坐力的作用使得复进簧储存足够的能量，这些能量或复进簧随后便作用于武器的机械装置，使废弹壳退出弹膛、击发系统、将弹匣内的子弹从弹匣压入枪膛，进而迫使子弹进入枪管，随后关闭后膛。”

马克沁的序言显示出当时他试图让即将成为竞争对手的研究人员通过持续研究步枪，进入研究新式机枪的竞争之中。然而，与其专利申请书相配套的设计图显示，他的发明属于实施改进之后的温切斯特步枪。第二年，当他为自己发明的气体推进方法申请专利时，配套的设计图再次显

你知道吗

原始有膛线枪械出现于16世纪意大利，从起源于中国发明的突火枪和火铳等无膛线枪械改良而来，经过火绳枪、燧发枪的演变，才逐步发展成为现代步枪。而无膛线枪械后来发展成霰弹枪。

▲海勒姆·史蒂文斯·马克沁是马克沁机枪的发明者。他是一名优秀的武器设计师，他设计发明的马克沁机枪开创了世界自动武器发展的新纪元

示出他的设计是一种摇臂式步枪，此次马克沁提供的设计图已经同时具备改进型柯尔特步枪的特征。

二、步枪的概念

步枪的英文为“rifle”，但在古语中英语的“rifle”和中文“步枪”概念却稍有不同。“rifle”是泛指“有膛线枪械”，而中文“步枪”是指由“步兵所用的火铳”。但按现在习惯来说两者都是指步兵所使用、以肩托着来发射、有膛线的中型枪械。

步枪一般分三种口径：6毫米以下为小口径，12毫米以上（不超过20毫米）为大口径，介于二者之间为普通口径。5毫米～6毫米的小口径步枪使用较多，其特点是初速大、后坐力小、连发精度好、体积小、重量轻。

三、步枪的分类

1.按自动化程度分：

（1）非自动步枪

非自动步枪又称手动步枪，是指需要以手动的方式完成子弹送入枪膛（上膛）射击与将使用过的枪弹弹壳退出枪膛（退膛）动作的步枪。由于每一次子弹上膛都是以手动方式进行，这一类步枪与单发步枪一样也只能使用单发射击，无法达到半自动或者是全自动射击的要求。

早期手动步枪与单发步枪几乎没有差别。都是一次装填一发子弹，射手将使用过的子弹弹壳退出枪机之后才能够装填下一发。随后出现了能够一次装填多发子弹的弹仓，射手只需要连续进行上弹与退弹动作就可以持续射击，直到弹仓内的子弹使用完毕为止，这也是目前手动步枪的主流形态。

▲毛瑟 G-98 非自动步枪

▲美制 M1 加兰德半自动步枪

（2）半自动步枪

到第二次世界大战前，各国仍然以手动步枪作主要制式装备，然而，在开战时由于战场大量全自动枪械的出现，各国为了提高步兵的持续火力，设计出各种不同口径的可实现子弹自动装填的步枪。该类步枪能够自动装填子弹，一次发射一发子弹，称为半自动步枪。如美国的M1加兰德步枪及M1卡宾枪、苏联的SKS等。

半自动步枪运用的也是H.S.马克沁所发明的导气式自动原理，利用推进弹头的部分气体、后坐力进行退弹壳、装弹并准备再次射击，因此又称为自动装填步枪。半自动步枪每扣压扳机一次能发射一发子弹，具有比手动步枪更持续的火力，射速较高，装填时间短，操作较为简单。

（3）自动步枪

自动步枪指自动进弹、连续击发、具备全自动射击能力的步枪。换句话说就是，只要扣住扳机不放，就能连续射击，直到枪内子弹用尽。

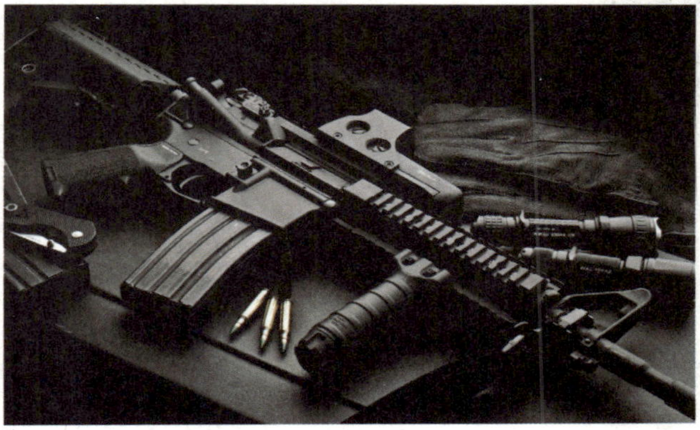

20世纪90年代，世界各国的军队大多以突击步枪作为主要制式装备，半自动步枪渐渐成为民间市场及部分受法律限制地区的警用武器，而生产商

也以突击步枪及冲锋枪改装成半自动步枪以扩大市场占有率。半自动步枪在军事用途上大多用作狙击步枪、训练用步枪、反器材步枪及精确射手步枪。

2.按步枪功能分

（1）突击步枪

突击步枪是指早期发射较大威力弹药的自动或半自动步枪，是能选择以全自动或半自动模式射击的步枪。突击步枪已经成为现在主要的单兵武器，而且服役数量极大，其特点是射速较高、射击时十分稳定、后坐力较小、枪身短小轻便，突击步枪具有合乎人体工学的现代化外形，发射中间型威力枪弹或小口径步枪弹，有效射程在300米～500米，具有冲锋枪的猛烈火力和接近普通步枪的射击威力。

突击步枪的可靠性能是非常重要的一项考验指标，在这一点上，苏联卡拉什尼科夫设计的AK-47是最典型的代表。AK-47突击步枪具有结构简单、分解容易、枪机动作可靠等特点，在越南战争中一直是十分有效的突击武器，一直沿用至今。

与此同时，突击步枪也是各种枪械中创新设计最多的一种，为了让步枪更为轻便，设计者采用了缩短枪支的整体长度，但仍保持枪管长度以保持有效射程的犊牛式设计（又称无托设计）。为了降低单兵重量，出现了下挂式榴弹发射器。随着进程的不断发展，由于作战用途及战术需要，突击步枪出现了模组化设计，并加入了战术导轨以安装前握把、激光指示器、夜视镜、瞄准镜、战术灯、火控系统等，同时也可通过转换枪管及机匣部件变成轻机枪、精确射手步枪、狙击

你知道吗

“突击步枪”的名字是从德语单词“sturmgewehr”（字面意思是“风暴步枪”）翻译而来，“风暴”在这里与突击同义。命名为sturmgewehr44（STG44）步枪一般被认为是第一款突击步枪。

▲AK-47 突击步枪

步枪及卡宾枪，甚至可以通过变换口径以提高通用性。

（2）卡宾枪

卡宾枪，即马枪、骑枪。它是枪管比普通步枪短，子弹初速略低，射程略近的较轻便的一种步枪。它一般采用与标准步枪相同的机构，只是截短了枪管，因此又有人将它称为“短步枪”。

▲美军 M1 卡宾枪

19世纪末，标准步枪的长度在1.25米左右，在20世纪初由英国生产的李–恩菲尔德短步枪首创了一种“短步枪”的概念，全枪长度由李氏步枪全长1.25米缩短为1.1米。更为确切地说，这类短步枪全枪长度介于传统的长步枪与卡宾枪之间。20世纪30年代，第一支卡宾枪诞生，型号为Kar98k毛瑟步枪，Kar是德文Karabiner（卡宾枪）的简称，不过该枪全长由1898年式的1.25米缩短为1.1米，枪管长度也有600毫米。

第二次世界大战中，卡宾枪的发展十分活跃。M1卡宾枪是枪械历史上按照公认的卡宾枪定义设计及大量生产的一种专门的卡宾枪。它原本是美军为二线部队提供的一种用于替代制式手枪的自卫武器，美军提出的具体战术技术指标要求是：质量小于2.5千克，取代手枪和冲锋枪作为军士、基层军官或机枪手、炮手、通信兵或二线人员使用的基本武器。该枪正式定型是1941年10月，并被命名为“M130英寸（7.62毫米）卡宾枪”。

（3）狙击步枪

狙击步枪通常是指带有光学瞄准具，用于对单个目标进行远距离精确射击的点杀伤武器，属于半自动步枪的范畴，有效作用距离一般在600米～800米，夜间射击还装有夜视瞄准具。

狙击步枪的名称来源于一种动物，由于英国在印度实行殖民统治时，英国官员或贵族有在印度乡间或荒野游猎的习俗，在游猎中偶然发现属鸻形目鹬属之鹬鸟极难以捕获，射手得以伪装埋伏，辅之以极佳射击技术与精密度较高之步枪方能猎得。在这种情况下，狙击手一词自“猎鹬者”转化而来，因此高精密度的步枪

你知道吗

现代对狙击枪的定义更加严格而具体，以精密的角度来看，所谓的狙击步枪须符合便捷的操作性、高度稳定的精密性、良好的协调性和足够的弹药推力四大条件。为满足这四个条件，狙击枪均配有瞄准镜以提高精度，采用中央式底火弹药满足对于弹药燃烧效率与弹头威力的要求，在枪支长度上也有一定的要求。

被称之为“狙击枪”。

随着时代的发展，精密度与科技变化的日新月异，狙击枪亦需要专业的操作人员，因此操作狙击枪的狙击手需要接受十分残酷的、令人难以承受的专业狙击射击训练。

四、现代步枪的特点

现代步枪的主要特点：

第一，采用多种自动方式，包括枪机后坐式（自由枪机式和半自由枪机式）、管退式（枪管短后坐式和枪管长后坐式）、导气式（活塞长行程、活塞短行程和导气管式），但多数现代步枪的自动方式为导气式。

第二，发射方式多样灵活，包括单发、连发和3发点射方式等。一般配有枪口制退器、消焰器、防跳器，有的可安装榴弹发射器，发射枪榴弹。半自动步枪一般采用不可更换的弹仓，容弹量5～10发；自动步枪则采用可更换的弹匣，容弹量10～30发。

第三，全枪长度较短，一般在1000毫米左右，质量小，空枪质量一般为3千克～4千克，便于携带使用。

第四，初速大，一般为700米/秒～1000米/秒，战斗射速高，半自动步枪为35～40发/分，自动步枪则为每分钟数百到上千发，能够形成密集的火力进行不间断射击。

五、步枪的发展趋势

随着步枪的不断发展，其发展趋势主要表现在以下方面：

▲美军 XM8 式 5.56 毫米轻型模块化卡宾枪

第一，加强步枪的火力。采取的技术途径是提高弹头效能、命中概率和战斗射速，而射程则可不大于400米。

第二，减小步枪的质量。减小质量采取的措施，一是改进枪弹，包括研制新结构的枪弹；二是改进枪的结构，尤其是轻质高强度合成材料的应用。

第三，实现步枪的点面杀伤能力和破甲一体化。主要途径是加挂榴弹发射器，发射反坦克榴弹和杀伤榴弹，以加强步兵反装甲、反空降的能力。

第四，尽可能将步枪、班用轻机枪合二为一。随着步枪弹匣容弹量的增加以及战斗射速的提高，为寻求战斗功能的优化组合，步枪和轻机枪合二为一的可能性将大大提高。

第五，狙击步枪更趋多样化。狙击步枪口径将有7.62毫米、5.56毫米、12.7毫米或15毫米等数种，尤其是12.7毫米或15毫米大口径狙击步枪的发展引起了人们的普遍关注。

第 2 节　步枪集锦

当前世界各国装备的步枪有很多种，各种步枪又有不同的型号。随着步枪生产技术的不断改进，步枪朝着以下几个方向发展：火力的加强，点面杀伤能力和破甲一体化趋势，还有一个重要发展趋势就是便携性和步枪、轻步枪可能会合二为一，或枪族化。

枪王之枪：AK-47 突击步枪（苏联）

名枪名片	
型号	AK-47 突击步枪
口径	7.62 毫米
枪长	875 毫米（固定枪托型）/645 毫米（折叠枪托型）
全枪质量	4.3 千克
出口初速	610 米 / 秒
有效射程	200 米
理论射速	600 发 / 分　战斗射速 200 发 / 分
弹容	30 发

AK-47突击步枪是由苏联著名枪械设计师米哈伊尔·季莫费耶维奇·卡拉什尼科夫设计的。它是一种装备十分广泛的步枪，除苏军外，世界上还有40余个国家的军队装备了该枪，有的国家还对该枪进行了仿制生产。

AK-47最大的优点在于它极佳的可靠性，这种良好的可靠性是由苏联复杂的地理环境决定的，在可靠性和精度难以兼顾的情况下，卡拉什尼科夫选择了前者。也是因为这种原因，即使在连续射击或有灰尘等异物进入枪内时，AK-47仍能继续正常工作。另外，在沙漠、热带雨林、严寒等极度恶劣的环境下，AK-47都能充分发挥效能。

虽然AK-47突击步枪是20世纪突击步枪行列中一颗耀眼的明星，但它毕竟是

20世纪四五十年代的产品，经过多次实战检验也发现它存在一些缺点。由于全自动射击时后坐力大，枪口上跳严重，枪机框后坐时撞击机匣底，枪管较短导致瞄准基线较短，瞄准具设计不理想等缺陷，对该枪的射击精度有很大影响。

AK-47在诞生的60年里，见证了数次大型战役，军火商利用AK-47获得了暴利，恐怖分子利用AK-47制造血腥，AK-47的身影在好莱坞大片中也经常出现，甚至出现了AK-47酒、AK-47文化衫，还有人把它改装成一把吉他。由此可见，AK-47已经成了一种文化的标志。

▲卡拉什尼科夫（1919年11月10日—2013年12月23），是苏俄著名的枪械设计师。他的枪械系统影响了多个国家的枪械设计风格，有“世界枪王”的美誉。50多年来，由卡拉什尼科夫亲手设计或亲自领导研制的轻武器已经成为一个完整的“枪族”，枪械型号中凡有“K”字母的就是以他的姓氏的缩写命名的，其代表作有AK系列步枪、轻机枪RPK、通用机枪HK系列等。苏联政府因他的重大贡献多次授予他各种荣誉、奖章

▲AK-47 突击步枪及其变型是全世界装备最多的枪支，无论在哪儿都能看到他的身影

▲AK-47 被世界各地广泛使用和生产。图为缴获的非法武器中有大量 AK-47 步枪

AK-200在2010年正式推出，改款枪除了采用皮卡汀尼导轨外，还安装有M4式的伸缩枪托，此外在展出的样枪中，还配用60发4排弹匣。目前的AK200只有5.45毫米口径型，以后有可能会像AK100系列那样推出不同口径的型号。

AK200突击步枪是在现有的AK74M基础上衍变而成，这种“西化”AK的重点之一就是采用皮卡汀尼导轨。实际上，伊孜玛什公司早在很久以前就展出过在护木上整合有皮卡汀尼导轨的AK100。2009年时，伊孜玛什公司又公布了一种在机匣盖上整合有皮卡汀尼导轨的新AK。传统的AK不能加装瞄准装置，因为AK的机匣盖材料轻薄而且固定后并不是十分牢靠，芬兰AK和以色列加利尔的机匣盖是重新设计过，不但厚重而且有4个配合面定位，因此可以在机匣盖上安装照门。而伊孜玛什公司为了能在机匣盖上直接加装光电瞄准具，而不是采用传统的机匣左侧式瞄准镜座，在新的机匣盖后端增加了固定装置。该装置的使用使机匣盖不会在射击震动时跳动。

AK-74是苏联装备的第一种小口径突击步

▲AK-200 突击步枪

枪，也是世界上大规模装备部队的第二种小口径步枪（第一种是美国的5.56毫米M16），1974年11月7日，该枪在莫斯科红场阅兵仪式上首次露面，在1980年后是苏联军队制式装备。AK-74在世界上其他国家也有装备，包括特许生产及仿制型。如东德的MPi-KM-74，罗马尼亚的AI-74，保加利亚的AKK-74等。

性能卓越：SKS 半自动步枪（苏联）

名枪名片		
	型号	西蒙诺夫 SKS 半自动步枪
	口径	7.62 毫米
	枪长	1022 毫米
	全枪质量	3.85 千克
	出口初速	735 米 / 秒
	有效射程	400 米
	最大杀伤力射程	1000 米（表尺射程）
	弹容	10 发

第二次世界大战期间，俄罗斯7.62毫米西蒙诺夫SKS半自动步枪由著名枪械设计师谢尔盖·加夫里罗维奇·西蒙诺夫设计而成。该枪于1946年定型，并装备于苏联军队。SKS半自动步枪是一种自动装填子弹的步枪，采用普通结构的导气式武器，配有剑形刺刀。它是一种性能相当卓越的步枪。

SKS半自动步枪采用导气式自动原理，导气装置无气体调节器。击发机构属于击锤回转式，由击锤和击锤簧、击针和击针销等组成。发射机构属于半自动发射机构，由阻铁和阻铁簧、扳机和扳机簧、扳机轴、扳机连杆、不到位保险、单发杆等组成，并结合在发射机座上。其中单发杆能在枪机后坐压倒击锤的同时将扳机连杆向下压，从而解脱阻铁，扣住击锤，确保单发射击。

该枪采用空仓挂机机构。当弹仓中的枪弹射完后，托弹簧使托弹板上升至最高位置。托弹板凸齿顶起空仓挂机板，并使其对机匣底面的突出量不大于2.25毫米，于是支撑面挡住枪机的推弹突笋并阻止枪机复进，以便射手及时从上方装弹。

SKS半自动步枪的不到位保险的工作原理是：在枪机未确实闭锁前，不到位保险阻铁控制扳机连杆在上方位置，使其对准发射机座上的导棱，此时扣不动扳机，不能击发，形成不到位保险。另外，不到位保险阻铁的中部有一处凸起，当枪机未确实闭锁时，不到位保险阻铁处于上方位置，该凸起与击锤卡槽扣合，使击锤不能向前回转。此时，即使扳机连杆对正阻铁，扣压扳机也不能击发，在此情形下形成了不到位保险。

一击必杀：SVD狙击步枪（苏联）

名枪名片		
	型号	SVD 狙击步枪
	口径	7.62 毫米
	枪长	1225 毫米
	全枪质量	4.31 千克
	出口初速	830 米 / 秒
	有效射程	600 米
	弹容	10 发

1963年，苏联军队选中了由德拉贡诺夫设计的狙击步枪代替莫辛-纳甘狙击步枪，经过改进后，于1967年开始装备部队。除苏联外，埃及、南斯拉夫、罗马尼

亚等国家的军队也开始采用和生产SVD。

SVD的发射机构比较简单，主要零件是击锤、单发杠杆以及靠机框控制的保险阻铁，有单独的击锤簧和扳机簧。SVD采用短行程活塞的设计，导气活塞单独地位于活塞筒中，在火药燃气压力下向后运动，撞击机框使其后坐，这样可以降低活塞和活塞连杆运动时引起的重心偏移，从而提高射击精度。枪管前端有瓣形消焰器，长70毫米，有5个开槽，其中3个位于上部，2个位于底部。这样，从消焰器上部排出的气体比从底部排出的多，实际效果是将枪口下压，从而在一定程度上减轻枪口上跳。另外消焰器的前端呈锥状，构成一个斜面，将一部分火药气体挡住并使之向后，以减弱枪的后坐。在准星座下方有一个刺刀座，可安装刺刀，这一点与目前绝大多数的狙击步枪都不一样。

SVD狙击步枪即使在1000米以上的距离也足以对目标构成致命威胁，但此枪并不是出于对超高精度的要求而制造的。使用标准弹药时，此枪的有效射程约为600米，在此距离上精度为2角分。射程和准确度可通过使用特殊弹药而得到改善。此枪的精确度问题主要是由半自动动作导致的枪管震动造成的，使其远距离的精度降低。不得不注意的是，相对的体积来说，此枪的操控性良好，而且结实耐用。导气装置和枪膛均镀铬，耐蚀性非常好。

特战利器：VSK-94 狙击步枪（俄罗斯）

名枪名片		
	型号	VSK-94 狙击步枪
	口径	9 毫米
	枪长	932 毫米
	全枪质量	2.8 千克
	出口初速	270 米 / 秒
	有效射程	400 米
	弹容	20 发

VSK-94狙击步枪是一种很受俄罗斯陆军侦察部队和反恐小分队欢迎的狙击步枪。之所以受到欢迎是因为它带上满弹匣子弹才重3.93千克，比起其他狙击步枪，它的体积明显要小，因此携带使用都很方便。VSK-94狙击步枪结构比较简单，工艺性能比较出色，俄罗斯人称之为“游击队和特种分队得心应手的武器”。

VSK-94狙击步枪的20发可卸式弹匣能够使用SP-5钢弹头、SP-6穿甲弹头和PAB-9次音速弹头3种弹药，这种特性使其在战术上具有更大的弹性。到目前为止，VSK-94仅为俄罗斯警察内部使用。

VSK-94是气动式操作、转栓式枪机的枪械。气动式操作类型是长行程活塞传动，而转栓式枪机有4个锁耳。VSK-94的机匣采用低成本的金属冲压方式生产，以减少生产成本、所需的金属原料和生产所需的时间，因此更容易进行维护及维修；而护木、手枪握把连装有后握把的枪托均改为较轻的聚合物制造。拉机柄就藏在机匣的右侧。充当

快慢机的安全及发射选择杆位于机匣的左侧，略高于扳机护圈，并可以选择半自动和全自动射击。上翻式调节的金属机械照门只能令VSK–94攻击200米以内的目标，要利用机匣左方装上放大4倍的PSO–1瞄准镜才能攻击400米以内的目标。

VSK–94能安装高效消声器，如此一来，开枪时的声音就得以大大减小，并且完全消除枪口火焰。在50米距离外，几乎听不到发射时的声音。对于9×39毫米亚音速步枪子弹仍然有着比起使用手枪弹的冲锋枪和短枪管的卡宾枪更大的穿透力与破坏力，这远比冲锋枪和卡宾枪具备更高的作战优势。

该枪配有可更换的塑料枪托，枪托和小握把呈一个整体，底托有橡胶垫，使射击时握持更为舒适；快慢机转换柄从机匣左边移到右边，左边的位置用于安装光学瞄准镜导轨座。

秒杀之王：AW 系列狙击步枪（英国）

名枪名片

	型号	AW 系列狙击步枪
	口径	5.56 毫米
	枪长	1180 毫米
	全枪质量	5.9 千克
	出口初速	850 米 / 秒
	有效射程	800 米
	弹容	8 发

在英阿马岛之战中，阿军配备的狙击步枪无论在质量上，还是枪的性能方面均强于英军。所以，在此战之后，英军迫切需要制造高精度的新型狙击步枪，射击要求是，无论枪管清洁与否都要达到首发命中的目的。通过对几种型号步枪的

筛选试验，最后选中了英国国际精密仪器（AI）公司研制的PM狙击步枪。AI公司以PM狙击步枪为基础生产了一系列享誉世界的著名狙击步枪，它们就是AW系列。

AW系列狙击步枪有步兵型、警用型和“隐形AW”3种，其中步兵型在1986年装备英军，定型为L96A1式狙击步枪。该型狙击步枪的特点是：机匣由铝合金材料制成；枪托由高强度抗压塑料制作，分为两节，与机匣螺连接在一起，枪托前部装有可调式轻型两脚架；枪管由不锈钢精锻制成，螺接在超长的机匣正面，可在枪托内自由浮动，在保证射击精度的情况下，使用寿命达5000发；枪机后部拉机柄周围有数条纵向铣槽，即使枪里进水结冰，自动机也不会冻结，射手仍可以像在正常情况下一样完成装填射击动作。

AW识别起来十分容易，它的塑料枪托上有一个很大的拇指开孔，使得枪托的形状近似于直

你知道吗

该枪又称AW（意为北极作战），而AWP则是专为司法机构和内务保安部队设计的，称为“警用型”或“反恐型”。设计者是“自选步枪”射击的前世界冠军马尔科姆·库帕。

线，这是其外形的突出特点，实属创新。

除了经典的AW/L96A1之外，AW系列还包括警用的AWP（也是最著名的）、消音版AWS、采用Magnum步枪弹的AWM、12.7毫米的AW50、为德国国防军生产的G22和G24、为瑞典军队生产的PSG90、便宜的低端版AE等。这么多不同型号的狙击步枪，外形如出一辙，实属罕见。它们共同构成了当今世界上号称最为精确的AW狙击步枪系列。

铁血王者：M16 自动步枪（美国）

名枪名片		
	型号	M16 系列
	口径	5.56 毫米
	枪长	1000 毫米
	全枪质量	3.4 千克
	出口初速	975 米 / 秒
	有效射程	600 米
	理论射速	700 ~ 950 发 / 分钟 / 半自动 / 三连发
	弹容	20 发或 30 发

M16自动步枪被称为开创步枪小口径化先河，从装备美军开始，已经经历了40多年的风风雨雨，这期间无论人们对它如何褒贬，仍然久盛不衰。直到今天，M16及其改型枪仍然在50多个国家中被广泛采用，除装备军队外，M16系列也被许多警察战术分队所采用。

20世纪50年代初，有一天，斯通纳工程师到幼儿园接准备放学回家的孩子，他被孩子们玩积木的情景深深吸引。孩子们运用方块积木，有的堆积成高楼大厦，有的搭成大桥，有的组合成各种各样的动物，有趣极了。同样几块小方木，在孩子们手里，变化无穷，妙趣横生。经过几年的寒来暑往，不懈奋斗，他终于在1963年试制成功了这种积木式枪，被称为“斯通纳枪族”。“斯通纳枪

▲越战中美军开始大量装备 M16 突击步枪

族”一经问世，迅速引起世界各国军方的关注。因为它便于批量生产，较低的成本有利于枪支弹药的后勤供应和保障，适应了部队装备通用化、系列化要求，因而深受各国军队的青睐。

虽然美军在越南战场失利，但M16却从越南战场起步，仅柯尔特公司在这段时间内就生产了350万支M16。美国陆军仅1974年就采购了270万支。

5.56毫米M16步枪被公认为是世界第一种装备部队并参加实战的小口径步枪。它在越南战争的烽火中锋芒毕露，在美军入侵格林纳达和巴拿马的行动中耀武扬威，在1991年的海湾战争中大显身手。毫不夸张地说，它是20世纪60年代以来美军士兵每一次军事行动的战斗利器。

M16A1

陆军的原型版本，M16A1和M16在本质上是毫无差别的，除了增加了复进助推器之外，M16A1是第一种最终化生产型。为了解决在XM16E1测试中暴露出来的问题，一种“鸟笼”消焰器取代了XM16E1的三瓣式消焰器。当诸多的问题被暴露之后，这些问题都得以解决。清洁工具被研制及配发，内室镀铬的枪膛以及后来全镀铬

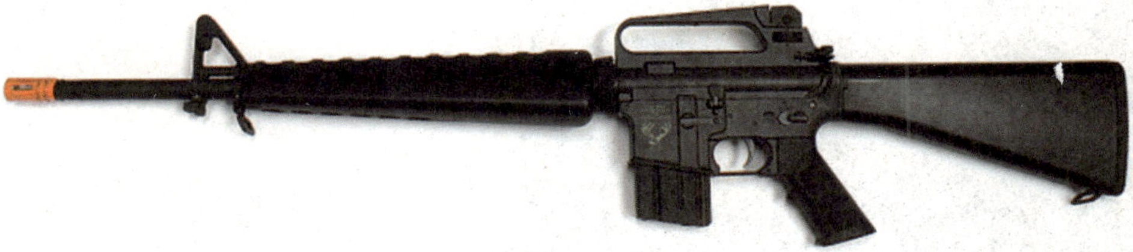

▲M16A1

的枪膛被使用，大量的因为污物和锈迹导致的故障逐渐减少并消失。半年内所有的问题都被消灭殆尽。

M16A2

M16A2所作的改动稍大。除了新的膛线之外，护木前的枪管被加粗，增加枪管的抗弯曲性能，减缓了连续射击时的过热，提高单发精度。觇孔直径改为5毫米，一个新的可调节照门也被加上，可以使得照门因不同的射程，从300到800米调节以及可以调整风偏，这可以充分利用新的SS109弹药的弹道特性。消焰器再一次被修改，这一次是将消焰器底部两个向下的开孔封闭，使其在俯卧射击时不会扬起灰尘或者雪花。护木截面从原本的三角形形状改成了有散热肋条可以起防滑作用的圆形，使其更适合小手掌的抓握。新的护木由原来的左右两半式也变成了上下两半对称型，从而使得库存的备件不必单独区分左护木和右护木。后枪托被设计得更长和更结实，据说比原先的设计结实10倍，因为其改进的塑胶材料和

你知道吗

M16全面配发到部队后首次在战斗中登场是在1965年11月越南德浪河谷的战斗，而且表现得相当不错。哈罗德·G.摩尔中校（后升为中将）在报告中写道：这次胜利是由“勇敢的士兵和M16带来的”。（哈罗德·G.摩尔与当时的随军记者约瑟夫·L.盖洛威合写了一本关于德浪河谷战斗的回忆录，书名为《我们曾经是年轻的士兵》，该书在2002年被拍摄成电影《我们曾经是战士》）。

▲电影《我们曾经是战士》中手拿M16步枪战斗的美军士兵

▲M16A2

▲装备 M16A2 的美国海军陆战队

设计。更重的弹头具有减少的初速，从早期型号的3200码每秒（975米每秒）到A2的大概2900码每秒（875米每秒）。一个特别的弹壳偏向装置被装在上机匣内朝向抛壳口的后方来防止退出的弹壳打到左撇子的使用者。

除此之外，枪机也被重新设计，将原本的全自动模式改成了3发点射模式。

总体说来，M16A2的新特性给原本的M16增加了重量和复杂度，而且取消了全自动模式。当新的型号被认为更精确的时候，更重的子弹也带来了更弯曲的弹道曲线，从而使得距离估量的准确性要求更加高。舆论也指出觇孔的设计不理想，小觇孔不容易找准星，而大觇孔又降低了瞄准的准确性。然而，更为遗憾的是，照门的形状不是被造在同一平面上。换句话说，当照门因不同的射程调整的时候，弹着点将会发生改变。照门的距离调整功能在战斗中很少被使用，因为士兵通常都会将它调到最低距离，也就是300米。不管舆论的评价如何，不论是为了满足北约标准化的SS109（M855）还是为了替换军械库中越战时代的武器，这种新的武器还是很有必要装备的。

M16A3

M16A3是M16A2的全自动改型，于M16A2刚问世的时候被采购，数量不多，主要用于美国海军的海豹特种部队。

关于M16A3的特性至今仍有一些让人不是十分清楚的地方。它经常被描述成M16A4的全自动版本。M16A3的正式描述说它使用了M16A4的皮卡汀尼导轨，因此上述说法不正确。这种误解最有可能来自于民用枪支制造商给予的A2和A3代号，用来区分具有固定可拆卸携带提把的A2和具有皮卡汀尼导轨的版本。

▲M16A3

M16A4

▲手持 M16A4 的美军士兵

M16A4，作为前线美国陆军和美国海军陆战队的标准装备，它是将枪械与火控系统分别进行模块化来设计的。取消了之前的固定可拆卸携带提把以及金属照门的组合，而是以MIL-STD-1913皮卡汀尼导轨取代之。这使得枪支可以同时装备可拆卸携带提把或者其他大部分军用和民用的瞄准具或者目视装置。所有美国海军陆战队的M16A4都装配了奈特武器公司的M5 RAS护木，可以附加垂直握把，激光瞄准具，通用战术灯或者其他附件。在美国陆军战地手册里，使用了RAS的M16A4通常被称为M16A4 MWS或模块化武器系统。这个型号沿用了M16A2的三发点射模式。

▲M16A4

匠心独具：XM8 轻型突击步枪（美国）

名枪名片	
型号	XM8
口径	5.56 毫米
枪长	845.8 毫米
全枪质量	2.9 千克
出口初速	920 米 / 秒
有效射程	400 米
理论射速	750 发 / 分钟
弹容	10、30、100 发

XM8是一款由赫克勒·科赫（H&K）公司为美军于20世纪90年代末至21世纪初研发的一款轻量突击步枪。作为美军OICW（Objective Individual Combat Weapon program，单兵作战武器招标计划）整合计划中的枪款，XM8拥有不少前卫的设计，如大面积采用塑料来制造枪身、同族枪械之间的零部件拥有极高的通用性等。因此，外界一直对XM8寄予厚望，并认为该枪将是美军未来大量采用的单兵制式兵器。然而，美军在2005年4月宣布暂停XM8计划，并在同年10月正式全面取消XM8的开发。

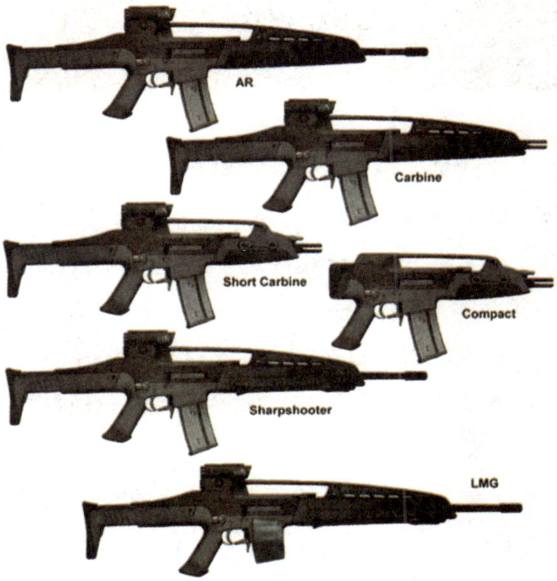

XM8的整体外形呈流线型，看起来就像一条鱼，是一种全模块化的武器系统，共有4个型号，分别为：基本型、精确射击型、重型枪管自动步枪型和紧凑型。XM8的模块化部件包括了枪管、枪托、弹匣、瞄准系统，可以很迅速地更换这些部件而改变成不同的型号。

XM8的导气装置和枪机采用短行程导气活塞系统和有6个闭锁凸笋的回转式闭锁

枪机。通过导气孔的火药燃气中有大约90%会向前方泄出，剩下的10%用于完成武器的动作循环。由于XM8的导气系统并不像M16/M4系列那样容易在导气管和机匣内积碳，所以提高了XM8的可靠性，能在大多数恶劣环境下进行操作。此外XM8的新设计也把维护步枪的工作量减少了70%。例如维护一把M4需要14分钟，而维护一把XM8则只需要短短的4分钟，而且XM8的维护周期长，勤务性能也十分优异。

由于采用了新材料技术，因此XM8非常轻，第1代样枪基本型的重量仅为2.84千克，这个重量已经包括综合了红外激光指示器和反射式瞄准镜的瞄准装置。

XM8不再采用M1913皮卡汀尼导轨系统，而是采用外表平整的孔状皮卡汀尼联结点（PCAP）。这种联结方式能够自动对正，因此使XM8的瞄准具能够保持归零，只需要在出厂前由工人校正归零，那么士兵在拆卸了瞄准具后再重新安装到步枪上时，仍然能保持原有的归零位置。在一把基本型的XM8上共有14个PCAP点，除了瞄准基座上用于安装瞄准具的两个PCAP点外，在护木的两侧和下侧各有

4个PCAP点（最早的原型枪上只有2个）用于安装其他附件。这些PCAP点也可以安装皮卡汀尼导轨，使射手在XM8上也能使用M1913标准接口的战术灯、激光指示器或其他附件。

尽管XM8很轻，但却是一件非常坚固耐用的武器，机匣内有钢板骨架加强，冷锻的枪管有2万发的使用寿命，而M4仅为8千发，因此XM8的服役寿命很长。高强度的聚合物材料非常坚固，而且可以生产成不同的颜色，有适用于丛林战环境的绿色、沙漠环境的黄褐色和城市环境的哑黑色等。

突击先锋：FN SCAR突击步枪（美国）

名枪名片

型号	Mk.16 SCAR-L S	Mk.17 SCAR-H S
口径	5.56 毫米	7.62 毫米
枪长	850/ 620 毫米	997/ 770 毫米
全枪质量	3.5 千克	3.86 千克
理论射速	600 发 / 分钟	600 发 / 分钟
弹容	30 发	20 发

SCAR突击步枪，是FabriqueNationa（FNH）为了满足美军特种部队通用的标准配置制造的现代步枪。由位于美国南卡罗莱纳州的FN美国分公司研制，参与SCAR试验的人员绝大多数都是承担一线任务的特种部队人员。

SCAR步枪的核心设计思想是通过更换枪管来满足特种部队各种作战任务的需要，所以该枪有两种主要版本，一种是执行近距离战斗任务的5.56毫米短枪管型SCAR-L（轻型版），一种是远射程发射7.62×51毫米弹药的SCAR-H（重型版），这两种型号都可以改装成“狙击型”或“近战型”，二者90%的零部件可以互换，过去无论是发射5.56×45毫米还是7.62×51毫米弹药的步枪，其零部件通用程度从未达到如此之高。

SCAR步枪采用导气式自动原理、短行程的挺杆活塞、枪机回转式闭锁机构

SCAR-L-CQC

SCAR-H-CQC

SCAR-L-STD

SCAR-H-STD

SCAR-L-SV

SCAR-H-SV

SCAR-L-CQC+EGML

SCAR-H-CQC+EGML

EGML

和固定抛壳挺。设计思想非常灵活，高度重视人机工效，如使用的聚合材料枪托既可伸缩，又可折叠，通过旋转枪托靠近尾部的旋钮可以使枪托前后伸缩，根据需要也可以将枪托向右折叠。集伸缩式和折叠式两种枪托的优势于一身。可以根据士兵装备结构、防弹衣或服装上其他影响士兵肩膀和扳机距离的因素来伸缩枪托，使枪托长度达到最适合握持和射击的状态；在枪托前部于机匣的连接处还专门设计了可调节的贴腮斜面，士兵能够调节脸颊接触枪托的高度，使眼睛置于使用光学瞄准镜时最舒适的位置，由此可见，SCAR设计人员考虑的周到与细致。

SCAR特征为从头到尾不间断的战术导轨在铝制外壳的正上方排开，两个可拆式导轨在侧面，下方还可挂任何MIL-STD-1913标准的相容配件，握把部分和M16用的握把可互换，弹匣和弹匣释放钮和M16是相同的，前准星可以折下，不会挡到瞄准镜或是光学瞄准器。FN公司研制的新型枪挂榴弹发射器模块也非常灵活，装弹时既可以将发射器向左打开，也可向右打开，更便于操作。

战场屠夫：潘科“汽锤”霰弹枪（美国）

名枪名片		
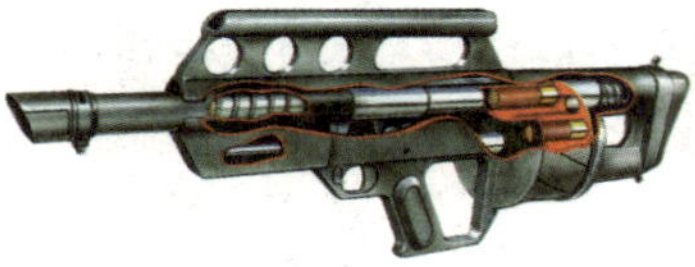	型号	A2 战斗霰弹枪
	口径	18.5 毫米
	枪长	525 毫米
	全枪质量	4.57 千克
	理论射速	240 发 / 分钟
	弹容	10 发

美国“汽锤”A2战斗霰弹枪是由美国潘科公司研制的，它的设计相当独特，性能优异，是当时一种著名的霰弹枪。

该种枪采用步枪的无托结构，借助转轮弹膛供弹，可以进行连发射击，它的自动方式是枪管前冲式，这种自动方式使发射时枪管避免与转轮在火药气体作用下紧固在一起，使转轮顺利转动供弹。这是实现高膛压转轮自动化的可靠途径。该枪外壁上有条状凸起，与枪管组件中的自动操纵杆凸头配合，枪管回复运动

时，使转轮能够转动。转轮事先装好弹并密封，涂有不同颜色以区分弹种，转轮用过后可废弃。枪管与消焰器、复进簧和“自动枪机”均由高强度钢制造，机匣、发射机、转轮由塑料制成。护木同时充当拉机柄，装好转轮后，拉动护木便可使发射机处于待击状态。枪托部位有一个解除待击杆，当膛内有弹时可解除待击，便于安全携行和运输。提把兼做轨道式（桥式）瞄准具。“汽锤”A2能发射任何12号标准弹药。

与众不同的“汽锤”霰弹枪使用的击发装置和第一次世界大战时期的韦伯利和福斯贝里自动装填左轮手枪的击发装置非常接近。射击时，环绕枪管的环状气缸内的气压向后驱动活塞，活塞启动击发设置，击发设置在气缸内的凹槽运动，把新的子弹送进弹膛。由于空弹壳仍在气缸内，“汽锤”霰弹枪避免了无托结构设计中存在的一个问题，空弹壳弹出时距离射手脸部太近从而对射手造成伤害。全自动射击状态下，弹匣内的子弹在2.5秒钟内就可射空。以这种速度射击时，抑制器能控制枪口向上抬升的幅度。

量身打造：HK MSG90 狙击步枪（德国）

名枪名片	
型号	HK MSG90 步枪
口径	7.62 毫米
枪长	1165 毫米
全枪质量	6.4 千克
出口初速	800 米 / 秒
有效射程	1000 米
发射方式	单发
弹容	5 发 /20 发

HK MSG90是H・K公司（赫克勒・科赫有限公司）以PSG1为基础所改进的半自动军用狙击步枪，其中90意思为推出年份（1990年）。

H・K公司的PSG1狙击步枪是专门为特警队研制的，虽然拥有极高的射击精度而且性能优异，但是价格高，全枪质量重，射击时弹壳弹出的力道大，并不适合军队在战场上使用，所以当时的PSG1并没有受到德国联邦国防军的采用。

于是H・K公司对PSG1进行改良，对其进行简化设计，减轻枪身各部的重量，并使用轻量化的枪管，达到了降低成本及减轻重量的目标，而成品就是HK

MSG90。

MSG90式狙击步枪同赫克勒·科赫有限公司研制的所有步枪一样，也是采用半自由枪机式工作原理，滚柱闭锁方式，枪管冷锻并淬火而成。预调扳机带有扳机护圈，增加了扳机宽度，便于击发，扳机力为14.7N。枪托长度可调，其上还有可调高度的贴腮板槽。护木上有安装背带环和两脚架的T形导轨。该枪未装机械瞄准具，只配有放大率为12倍的瞄准镜，机匣上还配有瞄准具座，可以安装任何北约制式夜视瞄准具或其他光学瞄准镜。该枪采用北约7.62毫米枪弹。

MSG90的扳机力比PSG-1轻得多，这也是狙击步枪的共通性。另外MSG90不像其他军用狙击步枪那样装有应急的机械瞄具，而只采用望远式瞄准镜。MSG90可以选用两脚架或三脚架支撑射击，两脚架比较方便，但如果要求高精度，用三脚架会更稳定。H·K公司原配的瞄准镜是Hendsoldt 6×42，但一些用户会另外购买倍数更大的瞄准镜。

H·K公司在生产MSG90的过程中有着极其严格的制造工艺，并在出厂检验时，每一支步枪都要在300米距离上持续射击50发子弹，而弹着点必须散布在直径8厘米的范围内才算合格，所有这一切使得MSG90成为世界上最精确的半自动步枪之一。

独树一帜：G22 狙击步枪（德国）

名枪名片

型号	G22 狙击步枪
口径	7.62 毫米
枪长	1247 毫米（枪托展开）/1023 毫米（枪托折叠）
全枪质量	9.15 千克
出口初速	880 米 / 秒
有效射程	1000 米
发射方式	单发
弹容	5 发

在德国人严谨细致的作风之下，造就出无数令军人、尤其是特种兵拍手叫绝的精密枪械，G22狙击步枪就是其中最具代表性的一种。

1980年，德国国防部在波恩就采购狙击步枪进行公开招标，来自德、美、英、澳等国的10多家公司参加了竞标，其中不乏像德国的毛瑟公司、美国的雷明顿公司这样历史悠久的军火商。而最终国际精密仪器公司凭借G22的优异设计一举夺魁。

G22的枪机为常规的圆柱形，经独特的防冻防污工艺铣削而成，集成了退弹器和抛壳器。为保证射击精度，枪机自重较大，同枪膛内壁吻合得十分严密，具有良好的防尘性能。枪机前端有6个闭锁凸笋，分上下两圈排列，每圈3个。这6个闭锁凸笋有助于减轻枪身在发射前的振动。

另外，G22狙击步枪的保险也与其他AWM步枪的保险方式有所不同，G22的保险只有前后两个，向前是解脱保险，向后是锁住枪机和扳机。而其他AWM步枪的保险有3个位置：向前为解脱保险；中间为击针保险；向后为击针和枪机同时保险，枪机不能开锁。

G22狙击步枪的枪管长690毫米，足以使7.62×67毫米枪弹达到所要求的弹道性能。枪管外壁刻有纵槽，使表面积加大，利于散热，从而避免在射弹较多时因枪管发热变形对射击精度造成影响。

G22步枪的枪口装置功能多样，其后部装有机械瞄具的准星座，中部为枪口制退器。前部还有安装简易消音器的螺纹。枪口前端的特制套箍上有前后两排导气孔，击发时，这两排气孔可将灼热的火药燃气向侧上方导出，以降低枪管在射击时的跳动和降低后坐力。另外，在子弹出膛前导出火药燃气，还可防止在射击后扬起过多烟尘导致射手暴露。国际精密仪器公司为G22配套生产了专用的消音器，使用时射手可将消音器直接拧到枪口最前端的螺纹上。这种消音器并不能完全消除弹药发射时产生的爆破音，但能滤去其中的高频部分，并对剩下的低频部分进行混音处理，使敌方很难从枪声中知道狙击手所处方位。

标新立异：HK G36突击步枪（德国）

名枪名片	
型号	HK G36
口径	5.56毫米
枪长	758毫米(枪托折叠)/1000毫米(枪托展开)
全枪质量	3.63千克（空枪）
出口初速	920米/秒
有效射程	400米～450米
理论射速	750发/分钟
弹容	30发

20世纪90年代，德国联邦国防军提出新的制式步枪计划，以取代7.62×51毫米的HK G3。1993年9月，由德国联邦国防技术署对多种突击步枪进行评选，许多枪型因为未达到标准而遭到淘汰，最后德国联邦国防军要求H·K公司对HK50进行改良，并将军用代号设为Gewehr 36（36号步枪），简称G36突击步枪。

▲HK36标准型

G36突击步枪于1995年开始列装，装备不久，其标新立异的绝妙构思及优良的技术性能，引起世界枪坛的广泛关注，并在短短数

▲HK36C

年间，便与M16、AK-47和AUG等突击步枪并列世界经典名枪之列。

H·K公司从创立以来，一直在生产滚柱闭锁原理的半自由枪机式的步枪，这种枪机结构复杂，成本高。对H·K公司来说，G36最大的变革就在于采用导气式自动原理，在枪管上方有一个短的导气活塞，当发射的弹头经过枪管中部的导气孔后，一部分火药气体从导气孔溢出，通过导气管推动活塞，活塞杆的后退打开了枪机的闭锁，枪机就在高压的火药气体的反作用下进行后坐，而同时活塞后退时导气管内的火药气体会从活塞容室前方的排出孔中排出，而不会进入枪机系统内。

G36步枪大量使用合成材料，除枪管以外，所有重要零部件，如机匣、护木、枪托、背带环和小握把均由黑色工程塑料制成。塑料表面不仅抗腐蚀，而且在极端的室外温度下非常便于射手握持武器，并大幅度地减轻了全枪的重量。全枪结构简单，操作舒适，主要部件只用3个销钉固定在机匣上，因此，不用工具就可以擦拭和维护。

瞄准装置是G36步枪的一大特点，也是最有争议的地方，G36采用的是双瞄具，准直式瞄具位于上方，用以在200米内的近程快速瞄准射击。望远瞄准镜放大倍率3倍，位于下方，用以在较远距离上精瞄射击。G36的瞄准系统最初受到了众多好评，大多数人认为双光学瞄准镜既有利于快速瞄准，又能提高在有效射程内的命中率。但通过军队用户使用证明，双光学瞄准镜有一定的缺陷，一是光学瞄准镜不如机械瞄具坚固，易损坏且不易修复；二是光学瞄准镜极易受外界因素影响，一点点冰、水或者泥沾在目镜上即能遮挡视野，让瞄准镜暂时失效，不太适合在恶劣的战斗条件下使用。针对这一系列的问题，现在H·K公司在新的G36V和G36KV上开始推出新的瞄准装置，为机械瞄具/瞄准镜组合的新装置，上面是简易机械瞄具，下面的瞄准镜是3倍放大，而一整段皮卡汀尼导轨从提把延伸至瞄准镜顶部，方便安装其他瞄准装置。但还是有一些用户干脆不使用G36的瞄准装置。

这些小的瑕疵不足以影响G36步枪的优异性能。H·K公司对G36投入了更多的精力，为满足不同的作战需求，对G36标准型突击步枪进行不同程度的改造，总共推出了7种变型枪：G36标准型突击步枪、G36K短步枪、G36卡宾枪、G36E突击步枪、G36运动步枪、G36狙击步枪、G36轻机枪和G36C。

表现出色：FNC AK5突击步枪（瑞典）

名枪名片	
型号	FNC AK5
口径	5.56 毫米
枪长	1008 毫米
全枪质量	5.4 千克（空枪）
弹容	30 发

AK5是应瑞典军队要求、对FNC步枪进行了部分改进而生产的突击步枪，该枪已经成为瑞典军队的制式武器。

20世纪70年代中期，瑞典军队开始寻求小口径轻型步枪以取代当时装备的AK4步枪。经过对已有的5.56毫米步枪的可靠性、耐用性、精度、维护性和其他性能试验，最终选中了FNC步枪。随后，瑞典对FNC步枪做了一些改进，以适应军队的特殊需要。改进后的步枪定名为“AK5突击步枪”。

AK5属于闭膛待击武器，工作原理与FNC相同，结构也几乎没有差别。自动方式为导气式，闭锁方式为枪机回转式，可单发或连发射击，使用30发双排装弹弹匣。

为适应瑞典部队需要，AK5在人机工程上去掉了三发点射机构，快慢机由4个

位置改为“保险、单发和连发”3个位置，加长了枪托长度，延长了下护木长度。

为了保证该枪在恶劣条件下也可以正常使用，AK5改变了气体活塞筒的长度，枪机和复进簧也被重新设计，为了方便在冬季戴手套操作，还加大了扳机护圈和拉机柄。枪的表面进行喷砂和磷化处理，并烤深绿色磁漆以适应瑞典的气候和环境。

精准多用：施泰尔 SSG69 狙击步枪（奥地利）

名枪名片		
	型号	SSG69
	口径	7.62 毫米
	枪长	1140 毫米
	全枪质量	4.6 千克
	出口初速	860 米 / 秒
	有效射程	800 米
	弹容	5/10 发

20世纪60年代中期，施泰尔–曼利夏有限公司受奥地利军队的委托研制了一支现代军、警两用狙击步枪，这种狙击步枪要求在400米距离上击中头像靶、600米距离上击中胸环靶、800米距离上对移动靶命中率必须达到80%。该枪在1969年研制成功并正式装备于奥地利联邦国防军，定名为SSG69狙击步枪。

SSG69枪管采用冷锻制造工艺，枪管外部也刻上了冷锻留下的螺旋形纹路。

冷锻工艺的运用提高了内膛光洁度、尺寸精度和表面强度，枪管的寿命也得以延长，与此同时，射击精度也相应提高。SSG69的枪管表面进行了磷化处理，无反光，利于隐蔽。该枪的枪管只与节套连接，与护木无接触点，这种结构被称为浮动枪管。

SSG69的枪托、扳机护圈和弹仓等部件采用工程塑料。工程塑料枪托和传统的胡桃木枪托相比，质量更轻，表面处理工艺简单，耐腐蚀，抗冲击力强，在湿热环境下也可以正常使用。

由于奥地利重视步枪的速射性能，所以SSG69采用同转60°后端闭锁的枪机。其最大的优点是射手操作动作小、枪机行程短。但是，由于后端闭锁结构使枪机处于受压状态，对精度有一定影响。SSG69枪机体前端的弹底窝较深，装有弹性抛壳挺和结构坚固的抽壳钩。SSG69枪机的闭锁件有3对共6个对称排列的闭锁凸笋，机匣内的闭锁槽配合实现开锁、闭锁。

SSC69在远距离上依然有很好的射击精度。该枪的射速较快，射手采取卧姿在55秒内对120米距离上的头像靶可连续射击8发。SSG69的空枪质量为3.9千克，安装瞄准镜和空弹匣后全枪质量为4.3千克，与其他和SSC69同样口径的狙击步枪相比，SSC69的质量明显要轻得多。SSC69步枪射击精确，携行轻便，这对于在高原、山地、极地、丛林作战的狙击手来说是至关重要的。

快速突击：FAMAS 突击步枪（法国）

名枪名片		
	型号	FAMAS 突击步枪
	口径	5.56 毫米
	枪长	757 毫米
	全枪质量	3.61 千克（不含弹匣）
	出口初速	960 米 / 秒
	有效射程	300 米
	弹容	25 发

法国FAMAS突击步枪是一种无托式步枪，由法国圣·艾蒂安兵工厂设计生产，主设计师是轻武器专家保罗·泰尔。该枪从1967年开始研制，当时研制该枪的指导思想是既能取代装备已久的MAT49式9毫米冲锋枪和MAS49/56式7.5毫米步枪，又能取代一部分轻机枪。

法国FAMAS突击步枪从20世纪70年代成为法国军队及警队的制式突击步枪，预计将于2013年开始逐渐退出装备，它是世界六大名枪之一。

FAMAS突击步枪采用无托式设计，自带的两脚架，长长的整体式瞄具提把，枪机置于枪托内，抛壳方向可以左右两边变换。弹匣置于扳机的后方，机匣以塑料覆盖，采用匈牙利人设计的杠杆延迟反冲式系统。射控选择钮在弹匣后方，有全自动、单发及安全三种模式，有

部分更加入三点发模式。

FAMAS突击步枪有F1突击步枪以及其改进型FAMAS G1和FAMAS G2。它的金属弹匣容量为25发，侧板上有子弹数量目视观察孔。FAMAS突击步枪瞄准射击距离为300米，子弹初速度950米/秒，射速900～1100发/分钟，战斗射速100发/分钟。

FAMAS步枪的质心匹配合理，且提把将照门和准星包含在内，对准星照门起到了很好的防护作用，另外，该枪还加装有两脚架，虽然牺牲了武器的机动性，但会使射击稳定，精确度提高。FAMAS步枪在现代无托步枪中射击精确度是最好的。

FAMAS G1是F1的改进型，使用25发直弹匣，原本的F1有约200个零部件，而G1的零部件减少到只有约150个，改进生产方法以降低成本。G1的扳机护环改为握把护环，移除枪口上的枪榴弹发射装置。G1的最高射速亦有所提高。FAMAS G1也有短枪管型和半自动型。FAMAS G2基于G1的改进型，改为使用30发北约标准STANAG弹匣，基本内部设计与G1没有分别，但已独立衍生出一个G2枪族。

FAMAS在1977年开始服役，1979装备伞兵部队。当时按原定计划，法国军方共需采购40万支，但后因军费不足，结果缩减至28万支。在1991年参与了海湾战争中的沙漠风暴行动及其他维持和平行动，以其优良的性能，受到广泛好评。

外形奇特：伯莱塔 Rx4 半自动步枪（意大利）

名枪名片		
	型号	伯莱塔 Rx4 半自动步枪
	口径	5.56 毫米
	枪长	942 毫米
	全枪质量	3.18 千克
	弹容	10/20/30 发

伯莱塔Rx4“风暴”步枪最先在2006年公布，是“Cx4风暴”系列中的最新产品。

该步枪上有很深的伯奈利公司产品的烙印，它看起来就好像是用不同枪上的部件装配起来的。当时，由于伯莱塔公司已经买下伯奈利公司，因此他们能直接拿到伯奈利的设计原稿和零件。伯莱塔Rx4步枪其实就是把发射中间口径弹的伯奈利R1猎枪改装成了一把发射小口径弹的半自动步枪。它直接使用了伯奈利R1步枪机匣和导气系统，但在机匣下面加上了一个聚合物的弹匣插座，这就能直接使用北约4179标准弹匣（通用AR–15/M16弹匣）。枪托直接采用了伯奈利M4超级90匣弹枪的伸缩枪托。

伯莱塔Rx4步枪是导气式操作的半自动步枪，采用伯奈利专利的自动调节导气

系统（ARGO），这是已经在伯奈利M4超级90霰弹枪上应用的短行程双导气活塞系统，由位于枪管下方前托内的导气箍和两组短行程导气活塞组成。回转式枪机有3个凸笋闭锁。由于复进簧收容在枪托内，因此Rx4不能随意更换成折叠枪托，而只能使用固定枪托或部分可伸缩的枪托。Rx4步枪配有可调节的开放式瞄具，在前托上安装有皮卡汀尼导轨，另外机匣顶也能附加导轨。枪管长度有16英寸和12.5英寸两种长度。

第④章　急速射杀——冲锋枪

冲锋枪在枪械中的历史不是很久，属于比较年轻的枪种，它是单兵使用的自动武器，主要在步兵、空降兵、侦察兵、炮兵、摩托部队、警卫部队和其他军兵种中装备，以猛烈的火力杀伤近距离的有生目标。

第一次世界大战时，冲锋枪问世。当时的冲锋枪是指发射手枪弹、能连发、有枪托、可抵肩射击或进行腰际射击的单兵自动武器。由于最初的冲锋枪是根据发射手枪弹来设计的，如此一来，发射手枪弹就成了传统概念上冲锋枪与步枪的主要区别，而类似于步枪的外形和发射方式则是它与手枪的主要区别。

第1节 认识冲锋枪

概括来说，冲锋枪一般是指双手握持发射手枪弹的单兵连发机械。它是介于手枪和机枪之间的一种单兵自动武器，比步枪短小轻便，具备有利于突然开火，射速高，火力猛，适用于近战和冲锋等特点，尤其是在200米内有相当卓越的杀伤效力。

一、冲锋枪的诞生

冲锋枪是“单兵双手握持发射手枪弹的轻型全自动枪”，尤其需要注意的是“发射手枪弹”和“轻型全自动”这两个非常关键的词，国内对冲锋枪的划分方法是习惯以这两个关键定义作为分类标准的。冲锋枪通常是指双手持握、发射手枪子弹的单兵连发枪械，曾被称作“手提机关枪”。因为具备适用于近战或冲锋的特点，“冲锋枪”由此得名。

第一次世界大战中，投入到战场上的步兵武器主要有步枪和轻、重机枪，而使用最多的是单发非自动步枪。非自动步枪需要人工装弹，战斗射速极为低下，一般为每分钟5～10发，达不到快速歼敌的目的。尽管重机枪出现较早，但采用水冷却方式，结构复杂，在战斗中携带不便，因此只能用于配合步兵作战，掩护步兵冲锋，一旦攻守双方短兵相接，重机枪也就失去了掩护的作用。轻机枪虽然比重机枪轻，可以伴随步兵一同冲锋，但是它的重量相对步枪来说还是太重，结构也比较复杂，不便于大批量生产和装备部队。这样，轻机枪在参战各国的军队中装备数量相对较少，所以近距离作战火力相对比较薄弱。而战场上经常出现冲锋与反冲锋的阵地战和城镇中的争夺战，迫切需要一种比轻机枪更轻便灵活、火力更迅猛的武器。于是，一种小巧灵活、携带方便、火力较猛的新型武器——冲锋枪诞生了。

1915年，意大利发明的一种发射手枪弹的双管连发武器问世。它由列维里上校设计，由维拉·帕洛沙兵工厂制造，被称为帕洛沙冲锋枪。该枪被认为是世界上第一挺冲锋枪。它有两根枪管，发射9毫米格列森蒂手枪弹，两个弧形弹匣位于

▲帕洛沙冲锋枪

你知道吗

俄罗斯水下冲锋枪载弹重量约为3千克，其弹匣一次可装填26发子弹。这种枪械在水下射击时，不会产生遮挡枪手视线的气泡，有利于提高射击命中率。传统水下冲锋枪在发射完180发子弹后即告报废，而俄罗斯水下冲锋枪在工作寿命内可完成1.5万次射击，其有效射程也超过其他的冲锋枪。

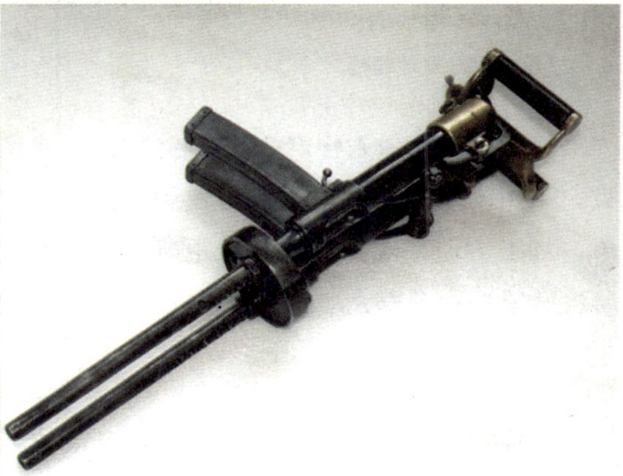

机匣的上方，通常配有两脚架或三脚架。从外形上看，它更像一挺机枪，与现代冲锋枪相比有着巨大的差别。全枪装弹重为7.4千克，不装弹重为6.6千克，初速为400米/秒。不难发现，它依然较为笨重，不利于单兵作战使用。从某种程度而言，它还不是真正的现代冲锋枪，但它发射手枪弹，近距离火力密集，已具备了现代冲锋枪的主要特征，为现代冲锋枪的发展奠定了基础。第一次世界大战中，意大利将这种冲锋枪装备于陆军，广泛地用到山地作战中，并把它作为轻机枪使用。实战表明，帕洛沙冲锋枪代替不了轻机枪，因为它满足不了轻机枪射程和威力的要求。第一次世界大战结束后，帕洛沙冲锋枪便不被采用了。

1918年，德国人研制成功世界上第一支真正意义上的冲锋枪，它的设计师是德国著名轻武器设计师雨果·斯迈赛尔。他对帕洛沙冲锋枪的设计思想进行了深入研究，并结合步兵使用的各种要求，在结构上进行大胆创新，设计出了全新的单兵连发武器—MP18式冲锋枪。该枪首次采用了自由枪机式的自动原理，为简化结构、减轻重量找到了最有效的技术途径。它发射9毫米巴拉贝鲁姆手枪弹，初速

▲伯格曼 MP18 式冲锋枪

为381米/秒，有效射程200米，全枪长815毫米，全枪重（含32发实弹匣）5.42千克，采用32发“蜗牛”形弹匣供弹，开膛待击，连发射击。其主要特点是结构简单，加工方便，性能可靠，近距离作战火力猛。这种武器在德军中得到了普遍的装备，第一次世界大战结束时，德国共生产了3.5万多支。

二、冲锋枪的结构

冲锋枪的结构简单，枪管较短。自动方式多采用枪机后坐式，枪机较重，发射时碰撞比较厉害。一般采用容弹量较大的弹匣供弹，弹匣通常是装在武器下方，有的装在侧方或上方。战斗射速单发约40发/分，长点射时100～120发/分。设计得相对简单的冲锋枪没有快慢机，只能是连发射击。

通常情况下，常规冲锋枪是一种以双手握持、使用手枪弹的全自动武器。自20世纪70年代以后，使用小口径步枪弹的短枪管自动（突击）步枪和集手枪、冲锋枪、步枪性能于一身的个人自卫武器也被划归为冲锋枪范畴。

冲锋枪主要特点如下：

（1）冲锋枪比步枪短小轻便，采用短枪管，枪托可伸缩或折叠，便于在有限空间内操作和突然开火。通常来说，现代冲锋枪打开枪托时全枪长550毫米～750毫米，枪托折叠后全枪长450毫米～650毫米。此外，普通冲锋枪的全枪重量一般为3千克左右，而轻型或微型冲锋枪通常在2千克以下。

（2）冲锋枪的火力较强，大多数冲锋枪采用30～40发容弹量的直弹匣或弧形弹匣供弹，少数采用50、100发螺旋式弹匣或70、100发弹鼓供弹。此外，战斗射速单发时约为40发/分，连发时为100～120发/分。

（3）大多数情况下，冲锋枪使用9毫米巴拉贝鲁姆手枪弹，该弹具有较大的停止作用和良好的内外弹道综合性能，能够满足近距离作战的需要。

（4）在冲锋枪家族中，绝大多数的冲锋枪采用自由枪机式工作原理，开膛待击式击发方式，以利于简化结构、枪管冷却和防止枪弹自燃。

三、冲锋枪的分类

1.按自动方式分

按冲锋枪的自动方式可分为半自由枪机式、自由枪机式和导气式三种类型，但大多数情况下的冲锋枪采用自由枪机式。

半自由枪机式冲锋枪

也称枪机延迟后坐式冲锋枪，它的特点是射击时枪管固定不动，枪机与枪管的弹膛尾端相扣合，但“扣而不牢”。弹壳在膛底火药气体压力直接作用下后坐，迫使枪机与相扣合的部件，在后坐过程中自行解脱保险。这种结构的优点是不需要过分增加枪机重量就可以达到延迟开锁的目的，因而射击时振动较小，射击精度较高。缺点是结构复杂，生产成本高，不利于散热，长时间射击后，膛内枪弹易出现“自燃”现象。采用这一方式的冲锋枪有意大利帕洛沙和前西德的9毫米MP5冲锋枪等。现在的冲锋枪一般不采用这种方式。

自由枪机式冲锋枪

它是靠枪机的惯性和复进簧力来封闭弹膛，枪弹在弹膛内“闭而不锁”，弹壳和枪机在膛底火药气体压力直接作用下后坐。采用这种结构的好处是：结构简单，易于生产、维修和训练。缺点是：在射击过程中，由于枪机较重，撞击振动大，射击精度低；射速较高，机匣

内易形成气体污染。即使如此，采用这种方式的冲锋枪依然很多，如美国11.43毫米盖德冲锋枪、英国9毫米司登冲锋枪、德国9毫米MP43冲锋枪和中国54式7.62毫米冲锋枪等。

导气式冲锋枪

它是利用枪管侧孔导出的部分膛内火药气体来推动活塞或枪机框运动，以获得自动机工作的能量。这种结构的优点是：性能十分可靠，后退活塞的火药燃气反作用力还可以对枪身后坐起到一些制动作用。采用这种方式的冲锋枪有我国79式7.62毫米冲锋枪、捷克58式冲锋枪等。

2.按作战用途分

冲锋枪按照作战用途可分为普通冲锋枪、轻型冲锋枪和微声冲锋枪。

普通冲锋枪

普通冲锋枪是步兵分队使用的一种比步枪略轻、短的轻型自动武器。典型的代表有德国MP18I、美国汤姆逊M1928A1和英国史特林冲锋枪等。

轻型冲锋枪

轻型又称微型冲锋枪，是专供特业人员使用的一种轻型自动武器。它主要装备驾驶员、后勤技术人员等，目前还装备特种部队执行特种任务使用。它同时具备重量轻、体积小、火力强，携带方便，结构紧凑等特点。微型冲锋枪不受地形和其他障碍的限制，可以充分发挥火力。这种枪重量在3千克左右，最轻的仅仅只有1.8千克，有效射程在200米内。典型代表有法国9毫米MAT49冲锋枪、以色列9毫米乌齐冲锋枪、波兰9毫米WZ63冲锋枪和美国9毫米Galtech201型冲锋枪等。

微声冲锋枪

微声冲锋枪是特种分队在特定环境下使用的一种轻型自动武器。主要杀伤200米以内的有生目标。它尺寸小，重量轻，便于携带和使用，有良好的射击精度和“三微”（微声、微光、微烟）性能及射击隐蔽性好的特点，受到特种部队的一致青睐。

3.按装备对象分

按冲锋枪装备对象可分为军用冲锋枪和警用冲锋枪。

军用冲锋枪

顾名思义，就是指专门为军队设计研制的并被军队所装备的冲锋枪，在没有特别说明的情况下，冲锋枪通常都是指军用冲锋枪。

警用冲锋枪

是警察部队装备使用的冲锋枪。它们可根据自己的要求和特点来专门设计，也可以在军用冲锋枪的基础上加以改进而成。如捷克警用M61冲锋枪和国产79式冲锋枪等。

你知道吗

典型微声枪有：德国9毫米MP5SD5微声冲锋枪、美国9毫米M11英格莱姆微声冲锋枪、瑞典9毫米M45微声冲锋枪、英国9毫米斯太令微声冲锋枪和我国64式7.62毫米微声冲锋枪等。

四、发展趋势

从现代冲锋枪的发展形势来看，由于短突击步枪的兴起和广泛使用，冲锋枪在战场上的地位已经大不如从前，有些国家的军队已从装备序列中撤装。但是，微型冲锋枪在特种部队完成防暴和维护社会治安的活动中，仍然发挥着其他武器无法代替的作用。

随着冲锋枪的进一步发展及其创新，其发展趋势如下：

第一，重点发展轻型或微型冲锋枪；

第二，大力发展冲锋枪和手枪通用弹药；

第三，采用大容量供弹具，增强火力密集度和火力持续能力；

第四，采用减速器降低连发射速，从而提高连发精度；

第五，逐步向系列化、多功能化的方向发展；

第六，采用新材料、新工艺，并对全枪进行优化设计。

第2节　冲锋枪集锦

20世纪70年代，大多数国家在武器系列化、弹药通用化和小口径化的思想指导下，逐步尝试以小的短枪管自动步枪作为冲锋枪，如美国斯通纳枪族中63式、德国HK53式等，以便更好地完成常规冲锋枪的战斗使命。20世纪80年代至今，使用手枪弹的常规冲锋枪进一步向多功能化、系列化的方向迈进。美国的卡利科系列冲锋枪充分应用螺旋式弹匣的设计特点，从而使全枪结构紧凑、平衡性好，且弹容量较大。

强中王者：AKS-74U 冲锋枪（苏联）

名枪名片

型号	AKS-74U
口径	5.45 毫米
枪长	730 毫米
全枪质量	2.71 千克
弹容	20/30/45 发

AKS-74U是由苏联枪械设计师卡拉什尼科夫在AK-74步枪的基础上改进而成的，由苏联国家兵工厂制造，1974年定型生产，1977年装备部队。该枪采用小口径，发射专门研制的5.45毫米枪弹，对枪管的长度和膛线缠度及弹膛形状、自动机和供弹机构均作了改进，即使如此，一部分零件仍能与AK-74互相通用。

AKS-74U主要在特种小分队、空降部队、工兵、通信兵、炮兵、车辆驾驶员、飞机机组成员、导弹部队及执法机构等特种部队中装备。虽然AKS-74U的表尺射程有500米，但其实际使用射程通常在200米内，因此AKS-74U在战术用途上与冲锋枪类似，只是它所使用的步枪弹的威力和有效射程要比手枪弹大而已。

除苏联军队装备以外，大多数华约国家亦有采用，更是反恐武装人员、恐怖分子与叛军的主要装备。1979年，阿富汗战争中的阿富汗政府军亦有采用。南斯拉夫的Zastava M85是AKS-74U的衍生型，印尼军队的战斗侦察排也使用由保加利亚、中国与俄罗斯制造的AKS-74U的5.56毫米口径衍生型。

AKS-74U冲锋枪最大的特点就是枪管较短，如此设计导致该枪枪口初速降低，射程缩短，属于近距离自卫武器。AKS-74U配备的是一种20发容弹量的弹匣。AKS-74U的枪口处安装了消焰器和气体膨胀室装置，大型膨胀室的作用是使未充分燃烧的火药燃气得以充分膨胀，以减少枪口火焰。但由于这种枪口装置没有制退作用，再加上AKS-74U冲锋枪的射速较高，使此枪的射击后坐力有所增加。

反恐精英：PP-2000冲锋枪（俄罗斯）

名枪名片		
	型号	PP-2000
	口径	9毫米
	枪长	300毫米
	全枪质量	1.4千克
	弹容	20/40发

PP-2000冲锋枪的外形与众不同，别具一格，2004年初次露面，由图拉兵工厂的KBP仪器设计局研制。PP-2000是为适应反恐斗争需要而研发的冲锋枪。作为非军事人员的个人防卫武器或特种部队和特警队的室内近战武器。

出于简化结构和降低造价的目的，PP-2000的结构简单，零部件极少，全枪外形紧凑，体积较小，机匣与握把和扳机护圈由高强度塑料做成一个整体的部件，扳机护圈的前部可以兼作前握把。

PP-2000新式冲锋枪采用独创的减速机构，理论射速控制在600发/分左右，因而在连发射击时能保证射击密集度和有效性。PP-2000冲锋枪的最大优势是它的杀伤性能。PP-2000冲锋枪的主用弹7H31式防御枪弹，具有其他手枪弹无法比拟的穿甲性能，这一特性使得该枪在对付具有个人防护装备的有生目标时更加有效。在90米射程内，发射9毫米7H31式枪弹，可击穿有硬装甲防护的防弹背心，

也可有效打击车内目标。PP-2000采用冲锋枪常见的自由式枪机工作原理，使用闭锁待击方式，提高了射击精度。供弹弹匣插在握把内，枪尾处还设有一个弹匣插口，把40发弹匣插上去后就变成枪托。保险、快慢机柄位于机匣左侧，握把上

方。与PP-90M1的装填方式类似，PP-2000采用包络式枪机，既有利于缩短全枪长度，又可以在万一发生迟开火或早开火故障时避免损坏枪的工作机构或伤害射手。枪机的前部分暴露在机匣外，并兼作上膛推柄，但PP-2000操作起来更加方便，而且枪口露出的位置较多，并不影响附加消声器等枪口装置。

PP-2000式冲锋枪在同类武器中结构最为紧凑。除了作为近距离作战武器供特种部队和警察部队使用之外，它还可以作为个人自卫武器供军队的技术人员、各种战车的驾驶员以及内部通信维护人员使用。PP-2000式冲锋枪还能兼容世界上大多数国家都采用的9×19毫米巴拉贝鲁姆手枪弹，这些特性不仅满足了俄罗斯国内市场的需要，同时还可以远销国外市场。

伞兵专用：司登冲锋枪（英国）

名枪名片		
	型号	司登冲锋枪
	口径	9 毫米
	枪长	845 毫米
	全枪质量	3.27 千克
	弹容	30 发

1941年初，英国为了化解战场上的危急形势，在缴获的德国MP-40型冲锋枪的基础上研制出一种新式冲锋枪——司登。该枪的主要特点是结构简单，造价低廉。司登冲锋枪是当时唯一可以安装消声器的冲锋枪。

MK-Ⅰ型

第一种MK-Ⅰ型采用自由式开锁枪机结构和极为少见的左侧水平弹匣供弹方式，枪身由轧制钢制成。可以在全自动和半自动之间切换射击方式。枪口装有类

似汤勺形状的消焰器，除此之外，还可以安装刺刀。

你知道吗

1940年，英国在法国的远征军由敦刻尔克大撤退，尽管撤退成功了，但是大量武器都被士兵扔在了海滩上。于是，防止德军入侵英伦三岛的议题提前提上议事日程。当时，英国什么样的武器都缺。不仅由于在法国损失了一大批武器，战时陆空海军都扩编了，加之新成立了国民警卫军，因此急需武器装备，特别是轻便武器，其中自然包括奇缺的冲锋枪。需求数量之大，时间之紧，可想而知。所以，司登冲锋枪可以说是被大战逼出来的。

MK-Ⅱ型

MK-Ⅱ型是由英国皇家轻武器兵工厂生产的，与MK-Ⅰ型相比，其体积更小、重量更轻，也是“司登”式冲锋枪中产量最多的一种型号。该枪还可安装消声器，是世界上第一种无声冲锋枪。司登MK-Ⅱ型是司登系列中最常用、最耐用的一型，不仅仅供英国军队使用，也曾大量空降给第二次世界大战期间占领区内的反抗军使用，近至法国，远至马来西亚，几乎都有它的身影。因为它既操作简单又耐用，所以完全能够胜任这些艰巨的任务。

MK-Ⅴ型

司登系列的最后一种型号MK-Ⅴ型是MK-Ⅳ的改进型，是司登冲锋枪中改进较大的武器，也是司登冲锋枪中性能最为出色的武器。MK–V型的设计初衷是为了改善“司登”式冲锋枪一向丑陋、粗糙的外观，后来它逐渐成为英国伞兵的专用武器。

司登冲锋枪有两个致命弱点，这让盟军士兵不胜其烦。首先，它的弹匣和供弹装置照搬德国的MP38，而且经常会卡壳；其次，它的保险装置很不可靠，稍微一碰就会走火，致使不少盟军士兵还没到前线就被自己的冲锋枪击伤甚至毙命。

司登冲锋枪的设计理念是纯粹的实用主义：保证在满足最基本性能要求的前提下尽可能地降低成本。枪托由一根钢条和一块钢板焊接而成，枪身是一根钢管，甚至透过枪栓槽就可以看见里面的弹簧。全枪仅由47个零件组成，结构简单到让人难以想象，其中绝大多数组件是冲压而成的，只有枪机和枪管需要机床作业。

单兵新宠：布希曼冲锋枪（英国）

名枪名片		
	型号	布希曼冲锋枪
	口径	9毫米
	枪长	276毫米
	全枪质量	2.9千克
	弹容	20/30发

英国布希曼公司在1990年军用装备展览会上首次展示了一种新型单兵自卫武器——布希曼微型冲锋枪。

布希曼冲锋枪首创射速可调装置。英国设计师皮特·韦斯特和美国乔治·埃洛维卡为观众进行了表演：握把内有一个调速器，可从最高射速1400发/分调到450发/分。用双行程扳机取代快慢机，轻扣扳机为半自动射击，重扣扳机为点射射击。可根据作战任务需要，选择80毫米、150毫米、250毫米和300毫米4种枪管。

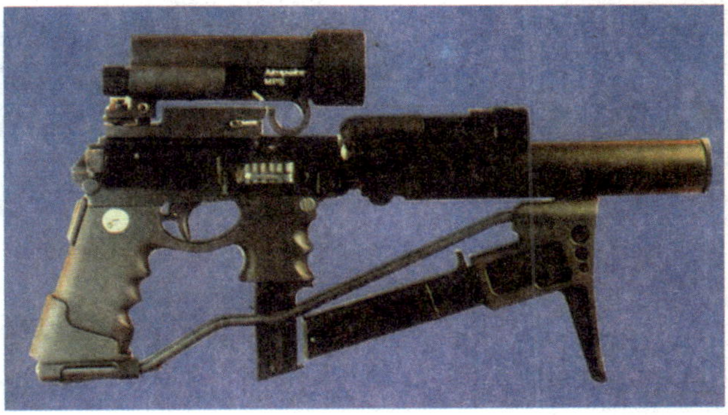

普通冲锋枪连发时往

往仅第一发子弹有一定的准确性，其他子弹散布面很大。但是布希曼冲锋枪则是例外。经过大量试验表明，使用250毫米枪管，在25米距离连续点射20发，弹着点散布圆直径均在300毫米之内。这样的命中精度在同类武器中是独一无二的。

几乎所有的武器专家都认为，“布希曼”的出现，标志着微型冲锋枪的发展迈向了一个更高的台阶。

魅力独具：“汤姆逊”冲锋枪（美国）

名枪名片

型号	“汤姆逊”冲锋枪
口径	11.43 毫米
枪长	852 毫米
全枪质量	4.9 千克
弹容	20/30 发

“汤姆逊”冲锋枪是以美国汤姆逊将军的名字命名的一种冲锋枪，它的实际设计者是美国人佩思和奥克霍夫，而汤姆逊将军首次提出了“冲锋枪”的概念，因此以其名字命名作纪念。“汤姆逊”冲锋枪是美军装备的第一种冲锋枪，第二次世界大战中所有的重要战斗几乎都有它的身影。

1940年，英军曾购买了大量的“汤姆逊”M1928A1式冲锋枪，准备用该枪对德国的入侵进行打击。在使用中，英军发现“汤姆逊”冲锋枪的复杂性使快速批量生产很困难，于是对结构进行了重新设计，造就了新式的冲锋枪M1和M1A1式。二者在战争期间共生产了150万支，备受士兵的青睐，美中不足的是稍显笨重。

M1在1942年4月进行改装后，被美军列为制式装备部队，并开始投入生产，当年共制造了249420支，到1943年又增加了36060支。而且，制造者将M1的拉机柄移到机匣右侧，简化了拉机柄形状，将原有的可调标尺更改为钢板冲压的“L”形标尺，去掉了枪管外部的散热槽和枪口防跳器。

第一次中国革命战争期间，中国红军就开始接触和使用“汤姆逊”冲锋枪，其中大多是国内仿制品。抗日战争初期，八路军也曾少量装备过“晋造”冲锋枪。1945年2月，新四军三纵发起天目山第一次反歼战役，歼灭“忠义救国军”1700余人，缴获包括14支“汤姆逊”在内的大批武器。

你知道吗

它闻名于世首先是在好莱坞的黑帮电影里，电影里经常出现警匪之间相互使用“汤姆逊”冲锋枪进行火拼的镜头，而事实也正是如此，走私者和劫匪们似乎对此枪情有独钟，也使得“汤姆逊”冲锋枪“臭名昭著”。后来该枪终于在1938年获得了美国陆军的认可，开始大批装备。

名家风范：柯尔特 9 毫米冲锋枪（美国）

名枪名片		
	型号	柯尔特 9 毫米冲锋枪
	口径	9 毫米
	枪长	730 毫米
	全枪质量	2.59 千克
	弹容	20/32 发

柯尔特9毫米冲锋枪是由美国柯尔特公司制造的，是一种采用后坐作用、闭锁式枪机设计运作的冲锋枪。它的作用是杀伤近距离内的有生目标，有效射程一般为150米。目前，柯尔特9毫米冲锋枪在美国执法机构和海军陆战队中装备，其他一些国家也装备有该枪。

柯尔特9毫米冲锋枪采用半自动枪机式工作原理，闭膛待击，可单发，也可连发，结构紧凑，容易操作，射击精度高。如果仅仅是从外形上看，柯尔特9毫

米冲锋枪有很多部件都与AR-15相似，包括枪托、握把、提把、护木、机匣外形等。柯尔特9毫米冲锋枪采用直托缓冲系统，使得枪的后坐力减小。

柯尔特9毫米冲锋枪在设计上采用直线式结构，枪管、枪机、后坐缓冲装置和伸缩式管状枪托成直线配置，枪弹击发后，后坐力直接作用于射手的肩上，使枪口跳动减小，射击精度提高。机匣用铝合金制成，其上安装有提把。前护木用塑料制成，上下护木上有多圈环槽。该枪配有空仓挂机机构，枪口装有消焰器。柯尔特9毫米冲锋枪可发射9毫米巴拉贝鲁姆手枪弹，并配有20发或32发直弹匣。扳机护圈可向下打开，这样便于射手戴手套时扣压扳机。

柯尔特9毫米冲锋枪采用机械瞄准具，准星为柱形，底部有螺纹，可进行高低调节。表尺为L形翻转式，有两个觇孔照门，可以调整风偏。

战地之王：UMP45 冲锋枪（美国）

名枪名片		
	型号	UMP45 冲锋枪
	口径	4.5 毫米
	枪长	690 毫米（枪托展开）/450 毫米（枪托折叠）
	全枪质量	2.27 千克
	弹容	10/25 发

H·K公司在为配合特种部队执行特种任务的情况下，开发了全新的、适合特种部队作战的“.45口径通用冲锋枪”（简称UMP45）。1998年底，该枪交付试验。UMP45的结构简单，并大量采用非金属材料，这样的制造工艺使枪体重量大大减轻，同时也降低了制造成本。H·K公司以其优良的产品性能和值得信赖的产品质量，深受广大枪械使用者的好评。UMP45的开发标志着H·K公司在武器设计理念上的重大转变。

UMP45包括三个基本的装配组，其拆散、清洗、保养都十分方便。此外H·K公司自配的消声器，可以在极短的时间内在枪口上安装，并且效果极佳。UMP45的顶部、护木左右两侧及下侧都可以很方便地安装上RIS导轨，任何符合美国MIL–STD–1913军用标准的枪用辅助装置都可以安装在导轨上，如小握把、瞄准镜、战术灯、激光瞄准具等。

UMP45的自动方式不再是MP5传统的半自由枪机式，而是采用自由式枪机，为了保证射击精度采用闭膛待击。另外，为便于连发时操枪和减小射弹散布，还安装了射速减速器，把射速限制在580发/分，在发射高压弹时，射速会提高到700发/分。

UMP45冲锋枪除了可以在陆地上使用，还能进行潜水射击。它以自身可靠的性能，成为特种部队的有力武器。2001年9月，印地安纳州洛厄尔市发生银行抢劫

案，洛杉矶特警手持UMP45冲锋枪在中心银行外与劫匪对峙了4个多小时后，事情得以圆满解决。

经典之作：HK MP5 冲锋枪（德国）

名枪名片		
	型号	HK MP5
	口径	9 毫米
	枪长	680 毫米（枪托展开）/490 毫米（枪托折叠）
	全枪质量	2.67 千克 /2.85 千克
	弹容	30 发

HK MP5系列是由德国军械厂赫克勒·科赫所设计及制造的冲锋枪，是赫克勒·科赫最著名及制造量最多的枪械产品。由于该系列冲锋枪获多国的军队、保安部队、警队选择作为制式枪械使用，因此具有极高的知名度。

当时冲锋枪普遍采用自由后坐式，以便于大量生产，但由于枪机质量较差，

射击时枪口跳动较大，准确性不佳。而MP5之所以性能优越，特别是它的射击精度相当高，这是因为MP5采用了HK G3系列结构复杂的闭锁枪机，且采用传统滚柱闭锁机构来延迟开锁，射击时枪口跳动较小，准确性大大提高。

MP5系列使用9×19 毫米手枪弹，连发后坐力极低，单手打也不是什么问题，枪托顶在肩上也几乎没感觉，且射速极高。难怪有人评价：当你第一次用MP5开火时就能立刻钟情于它。

虽然有高命中精度、可靠、后坐力低及威力适中的优点，但MP5结构复杂，容易出现故障，单价高昂且空枪较新一代的冲锋枪重。MP5使用手枪弹使枪支无法贯穿防弹衣，且射程不远，只有200米，难以应付较远距离的目标。

1977年10月17日，德国特种部队在摩加迪沙机场的反劫机行动中使用了MP5，4名恐怖分子均被MP5击中，3人当即死亡，1人重伤，人质获救，MP5在近距离内的命中精度得到证明。此后德国各州警察相继装备MP5，而国外的警察、军队特别是特种部队都注意到MP5的高命中精度，于是出口量逐渐增加。

到20世纪80年代，美国轻武器装备服务规划办公室（JSSAP）需要为特种部队寻求一种性能可靠的9毫米冲锋枪，经过多番对比试验，最后选定H・K公司生

产的MP5冲锋枪，就这样，MP5又从美国获得大量的订单，首先是军方的特种部队，然后是各地的执法机构。MP5差不多成了反恐怖特种部队的标志。

变身之王：HK MP7冲锋枪（德国）

名枪名片		
	型号	HK MP7
	口径	4.6 毫米
	枪长	541 毫米（枪托展开）/340 毫米（枪托折叠）
	全枪质量	1.8 千克
	弹容	40 发

1999年，MP7冲锋枪问世，该枪是由德国赫克勒·科赫公司所研制。

MP7冲锋枪的性能极其优越，在短短的两三年时间里就先后出口到17个国家，销售量十分惊人。据称，美国军队也决定采用MP7冲锋枪的最终改进型MP7A1，提供给指挥人员和后勤人员自卫使用。

MP7冲锋枪全枪长541毫米，质量1.8千克（带 40发弹匣），具有体积小、质量轻的特点。采用整体式高强度聚合物机匣，可装配美军标准（MIL-STD-1913）皮卡汀尼导轨，导轨上可安装反射式瞄具。

MP7冲锋枪人机功效较好，结构设计得非常合理，弹匣扣、快慢机、枪机保险等按钮都能够左右手交互操作。在操作该枪时，除了更换弹匣外，整个操枪射击的过程都可以由单手完成。MP7冲锋枪的野外分解结合也相当方便，全枪仅由3个销钉固定，只需要以枪弹作为拆解工具即可将枪支分解，而不需要其他辅助工具。

MP7冲锋枪的枪托采用伸缩式，枪托可通过两个半圆形导杆在机匣内运动，最大的伸长长度可以达195毫米。

MP7的口径为4.6毫

米，采用全新的4.6×30毫米弹药体系，弹道低伸，具有很强的穿透能力。在100米射程上，标准弹头可以穿透CRISAT标准靶板及靶后150毫米厚的军用明胶块。在200米处可穿透CRISAT靶板，在50米处对20%军用明胶穿透深达280毫米。

全新的4.6毫米口径弹药包括了专为德国国内使用而研制的变型弹头；为美国市场研制用于战斗和训练的全金属被甲弹；专为微声冲锋枪研制的亚音速弹；指示弹道的曳光弹；在50米距离上能击穿俄式防弹背心的训练弹；在危险的小环境中能立即释放能量的警用弹以及采用无铅弹头的易碎训练弹（在接触到坚硬物体表面时破裂，既可以在有防护措施的安全地带进行实战训练，也可以在特定的环境如钻井平台作为实弹使用）等多个弹药品种。

冲锋典范：UZI 冲锋枪（以色列）

名枪名片		
	型号	UZI
	口径	9 毫米
	枪长	600 毫米
	全枪质量	2.7 千克
	弹容	32 发

在1948年爆发的以阿战争中，以色列人强烈意识到自己缺乏一支有效的冲锋枪。在这样的条件下，1949年，以色列陆军中尉乌兹·盖尔在捷克斯洛伐克VZ23系列冲锋枪和ZK476式冲锋枪的设计基础上，并充分考虑到中东地区的沙漠环境条件，成功设计出了一支冲锋枪——UZI 9毫米冲锋枪。1948年，该枪开始设计，1951年生产，在第二次中东战争中服役，取得的效果相当令人满意，从这以后开始大量生产。

UZI的结构十分紧凑，性能相当可靠，勤务性较好，更重要的是价格低廉，使用9毫米巴拉贝鲁姆手枪弹。有木托和折叠托两种型号，木托为早期产品，折叠托为标准型。除此之外，采用相同结构的变型枪有：UZI 9毫米轻型冲锋枪、UZI 9毫米微型冲锋枪、UZI 9毫米半自动卡宾枪和UZI 9毫米手枪。该枪由以色列军事工业公司生产，并作为以色列军队的制式冲锋枪，装备此枪的还有德国和比利时等，现在仍有不少西方国家装备此枪。

UZI冲锋枪的自动方式为自由枪机式，采用前冲击发——在枪机复进过程中击发枪弹，减小枪机后坐冲量，因而可使枪机重量比静止状态击发的自由枪机式减少一半。对现代武器来说，其最小长度为枪管长度加上枪机在膛底后端的长

度，再加上被压缩的复进簧的长度。UZI从枪口至机匣尾端面的长度为445毫米，这一长度比同类武器都短。UZI有一个显著优势是枪管长度仅仅只有260毫米；此外，该枪采用套入式枪机，枪机完全包络枪管尾端，这样既可以缩短全枪长度，又可防止发生早发火或迟发火故障时损坏枪械或伤及射手。该枪弹匣装入握把内部，其优点在于黑夜易于更换弹匣。弹匣与握把（弹匣座）的配合段长，刚度比较好且定位确切。该枪在枪机复进推弹入膛过程中，当枪弹还未完全进入弹膛时，击针与枪弹底火是不对正的，由此形成击发前的机械保险。

冲压、焊接工艺在该枪生产时大量采用，机匣冲压成型，两侧板有数条纵向加强筋，既可以提高其刚度，还可以容纳沙粒等污物，有利于风沙、泥水等恶劣条件下的机构动作可靠性。机匣内膛前端焊有长96毫米的枪管定位套筒，套筒前端外表有螺纹，装入枪管后，拧上枪管固定螺帽，可保证枪管在机匣中可靠定位。导弹板焊在机匣内弹匣的前方，抛壳挺则铆于弹匣口后方。机匣的前后端都焊有“∩”形支架，起加固作用。表尺座位于后端“∩”形支架顶部。前托为塑料部件，且前托与机匣之间有一定间隙以利散热。采用机械瞄准装置，准星为一锥形柱，偏心地连接在带螺纹的圆柱形准星座上，当松开紧定螺丝时，可进行高低与方向的调整。

辉煌见证：M1931 索米冲锋枪（芬兰）

名枪名片	
型号	M1931
口径	9 毫米
枪长	925 毫米
全枪质量	4.6 千克
弹容	70 发

索米M1931，又称索米KP/–31（KP即Konepistooli，芬兰语中“自动手枪”之意），索米KP或索米M/31，是芬兰在第二次世界大战期间设计的冲锋枪。由M/22原型枪与KP/–26量产型改进而成，并于1925年问世。“索米”在芬兰语中意为“芬兰”，因此有时M1931也被称为芬兰冲锋枪。

M1931索米冲锋枪有着全新的设计，并取消了射速调节机构；快慢机–保险手柄改设在扳机附近；采用片状准星和弧形座式可调表尺，最大射程500米，不过实际上的射程均达不到这个范围；套筒前方设计成向下的斜面可起到一定的防跳作用，可以让武器更加平稳地射击；还改进了木制枪托，以便在抵肩射击时更加舒适。

M1931式冲锋枪弹鼓供弹具是由克金斯设计的，弹药在弹鼓内部呈螺旋排列。克金斯是自动武器公司的股东之一。后来，克斯金设计的70发弹鼓也成为芬兰冲锋枪的主要供弹具。

M1931式冲锋枪有多种衍生型号，除了加装枪口帽或在弹匣和扳机护圈之间增加小握把的之外，还有一种安装在“维克斯”坦克上使用的试验样枪十分别致，意在打击已接近坦克进入坦克机枪射击死角的敌人。该枪将枪托改为把手，枪管套筒尾端也弯成接近直角，这样进行改动的坏处是会导致弯管枪的失败。

M1931的成本极其昂贵，高昂的成本限制了该枪的普遍使用。之所以如此昂贵是因为复杂的结构和工艺以及苛刻的选材。30年代期间，索米冲锋枪在芬兰国内装备数量的增长速度很慢。1932年，M1931式冲锋枪的装备量约为1000支，1934年为1400支，到1939年11月苏芬战争爆发之时只有4144支。

动乱守护神：维涅龙 M2 冲锋枪（比利时）

名枪名片		
	型号	维涅龙 M2
	口径	9 毫米
	枪长	886 毫米
	全枪质量	3.28 千克
	弹容	32 发

1950年，维涅龙冲锋枪由比利时退役军官维涅龙上校设计、比利时列日精密仪器公司生产。1953年，第一种生产型号维涅龙M1设计定型，并被比利时军队列装。到了1954年，维涅龙M1被维涅龙M2所取代，维涅龙M2一直生产到1962年。比利时军队曾在刚果使用过维涅龙冲锋枪，除了装备比利时军队外，中美洲、南美洲和非洲中部的一些国家军队也有所装备。

通常情况下，维涅龙冲锋枪有两个保险机构，一个是握把保险，另一个是快慢机保险。握把保险可阻止枪机运动，防止在待击时，由于跌落或猛烈撞击导致走火。保险和快慢机柄位于握把左上方，标有A、R和S三个位置，分别表示连发、单发和保险状态。扳机采用单、连发式，连发状态时，扳机扣下一半为单发，扣到底为连发。

维涅龙冲锋枪的枪管比一般冲锋枪略长，如此一来，该枪的射击精度有更大的提高。但由于枪管的大部分都暴露在机匣外，而且没有其他部件的固定支撑，所以枪管在自重的负担下，日久容易弯曲。为此，枪管表面加工有环形散热槽，不仅是为了加速枪管冷却，也减少了枪管弯曲的负担。

曾经装备维涅龙冲锋枪的军队现在都已经换成MP5、UZI等类型的冲锋枪，但在美洲和非洲的一些动乱地区，如布隆迪、刚果和卢旺达等，它们的身影仍然依稀可见。

自卫神器：CBJ-MS PDW 冲锋枪（瑞典）

名枪名片

型号	CBJ-MS PDW
口径	6.5 毫米
枪长	565 毫米
全枪质量	2.80 千克
弹容	20/30/100 发

2000年，瑞典推出了一款CBJ-MS PDW冲锋枪，这款冲锋枪虽然没有比利时的P90和德国的MP7冲锋枪那么引人注目，但它也是瑞典在轻武器领域实力的见证。

由于PDW可以使用后坐力较低的自动方式，而且子弹后坐力很低，所以在连发射击时易于控制，受人体射击姿势影响较小。适合站立射击，长点射甚至连射时，枪支都不会偏离瞄准线的指向，多发命中很容易就可以实现。针对PDW的射击容易控制这一个优点，可以得知该枪的连发命中率和散布效果完全能够超越短突击步枪。而且PDW的子弹体积与常规手枪弹相比，又轻又小，因此很容易实现大弹容量，如此一来，该枪的实际火力持续能力得以增强。

PDW的基本结构是仿照UZI冲锋枪，但它的高明之处是另备了一套枪机和单独的击针。这两个装置可以实现快速更换，从而实现闭膛待击，供在特殊场合对首发精度要求极高的需要。枪体尾部的喇叭状物体是拉机柄，在射击过程中保持固定不动。该枪采用自由枪机式，开膛待击。

PDW的系统特性提供了更容易实现的大弹容量高可控性能。因为在这些重约6克的PDW弹药出现之前，军用枪械的主战子弹重量一直都在10克以上，并且这些PDW弹药的后坐力要比常规冲锋枪的弹药还低40%左右。所以，这两项性能是自第二次世界大战以来军用弹药进步方面的一个突破。

捷克毒蝎：VZ61“蝎”式冲锋枪（捷克）

名枪名片	
型号	VZ61“蝎”式冲锋枪
口径	7.65 毫米
枪长	522 毫米
全枪质量	1.3 千克
弹容	12/24/30 发

VZ61“蝎”式冲锋枪是捷克斯洛伐克于1950年研制的，它的设计者是米罗斯拉夫·里巴兹。该枪最早于1969年8月在布拉格露面，主要装备捷克斯洛伐克特种部队和警察。一些非洲国家军队和警察也装备了该枪。

“蝎”式冲锋枪体积较小，所以有人认为它应该属于冲锋手枪。它的设计本意是作为一种双用途武器，既可像冲锋枪那样双手抵肩连发射击，又可像手枪那样单手不抵肩单发射击，它既可以作为近距离战斗中的突击武器，也可以代替手枪作为个人防卫武器，兼具冲锋枪近距离战斗的压制能力与手枪单手射击的方便性。该枪在冷战时期研发，是为了满足在有限的使用空间内活动的特殊兵种，或执行特殊任务的特种部队自卫需要而设计的。

VZ61被称为“蝎”式的原因：一是与西方国家9毫米口径冲锋枪相比，口径为7.65毫米的VZ61外观更为小巧玲珑；二是它具备惊人的攻击力，尤其当枪托处于半折叠状态时，其外形酷似带有毒针的蝎子尾巴。

VZ61冲锋枪在设计上秉承了捷克斯洛伐克轻武器的一贯特色，它的工作原理如下：当枪机后坐到位时，枪机撞击拨弹轮使其绕轴销向上转动，撞击缓冲簧顶杆，解脱枪机，并开始击发，迫使拨弹导轮向下转动到枪机顶部，枪机再撞击拨弹导轮令其向上转动，如此完成循环。

奥地利之枪：施泰尔 AUG 冲锋枪（奥地利）

名枪名片		
	型号	施泰尔 AUG 冲锋枪
	口径	9 毫米
	枪长	665 毫米
	全枪质量	3.3 千克
	弹容	25/32 发

施泰尔AUG 9毫米冲锋枪是奥地利陆军通用步枪的变型枪，是由施泰尔·曼利夏公司生产的。

施泰尔AUG 9毫米冲锋枪主要由枪管组件、机匣及枪机组件、枪托组件和弹匣四个部分组成。该枪同AUG步枪一样，发射机构位于枪托内，弹匣在枪托前，形成无托结构，全枪长度大为缩短。此外，机匣和枪托用合成材料制成，加工方便。该枪的击发和发射机构，是通过控制扳机行程的方法实施单发、连发射击的。快慢机左端位置为手动保险；中间位置为单发射击位置，只能单发射击；右端位置为连发位置，可实施连发射击。

施泰尔被公认为是最早实现把现在的突击步枪改装成可发射9毫米枪弹武器的枪械制造商之一。该公司还曾设计了一套零部件，用这套零部件，可以将任意一挺AUG步枪改装成冲锋枪。

AUG冲锋枪与AUG突击步枪和AUG轻机枪构成了AUG枪族。该枪族采用统一

▲施泰尔 AUG A1

▲施泰尔 AUG A3

的枪身结构，枪托与机匣为一个整体，只要更换枪管和其他几个部件，就能方便地组合成不同枪种。当AUG配用新的9毫米口径枪管、专用的枪机组件、弹匣和弹匣节套时，即成了AUG 9毫米冲锋枪。AUG 9毫米冲锋枪已经正式装备了奥地利的三军部队和警察。

AUG冲锋枪以其优良的人体工程学应用、高精度和良好的可靠性而蜚声国际。设计者把以往多种已知的设计理念进行巧妙的结合，使之成为一个可靠美观的整体，主要体现在：塑料制的武器主体，无托结构，采用望远瞄准镜为标准瞄具和模块化设计。

你知道吗

突尼斯在1978年就开始购买AUG，估计至少7万支；阿曼在1982年开始装备AUG，约3万支；澳大利亚是在1985年宣布把AUG作为制式步枪，并定名为F88步枪，最开始装备量为67000支，然后澳大利亚利思戈枪厂获得AUG的特许生产权和出口销售权，到20世纪90年代中期产量已达28万支。

陆军伴侣：FBP M948 冲锋枪（葡萄牙）

名枪名片

型号	FBP M948
口径	9 毫米
枪长	813 毫米
全枪质量	4.895 千克
弹容	32 发

FBP M948冲锋枪是由葡萄牙贡卡弗斯·卡多索少校进行设计研发的，这款枪是葡萄牙在对世界许多成功冲锋枪研究后独立研发设计的一款冲锋枪，该枪又被称为M48式或FMBP M948式冲锋枪。1948年，该枪正式装备葡萄牙陆军，目前已撤装并停产，但M948式的改进型FBP M963式仍在葡萄牙军队中服役。

FBP M948冲锋枪是当今世界上优秀冲锋枪的结合：它的机匣、拉伸式枪托、扳机卡样和瞄具均仿制于美国的M3A1式冲锋枪，仅有一些小小的修改；复进簧、复进簧导杆、枪管连接套、枪机、保险机构和弹匣则是仿照德国的MP40式冲锋枪的设计，枪机不是空心的，叠套式复进簧的前段有25.4毫米装于枪机后端的孔内。拉机柄和保险装置也与MP40式冲锋枪一样位于枪的左侧，便于用左手装卸弹匣和拉枪机，而用右手握住握把（由两个螺钉固定的木质握把）和扣扳机，便于快速射击。整个枪中只有刺刀座和枪管是由葡萄牙独立设计的。由于该枪采用的工艺十分先进，此枪是当时经济性最好、可靠性最高的冲锋枪之一。

FBF M948式冲锋枪结构简单、使用可靠、价格低廉。该枪采用自由枪机式工作原理，只能连发射击，瞄准装置采用了机械瞄准具，准星为片状，设在机匣的前方，表尺为觇孔照门固定式表尺，射程为100米。该枪可发射9毫米巴拉贝鲁姆手枪弹。

身小力大：FN P90冲锋枪（比利时）

名枪名片

型号	FN P90 冲锋枪
口径	5.7 毫米
枪长	500 毫米
全枪质量	2.8 千克
弹容	50 发

1986年，比利时国营赫斯塔尔公司开始了有关个人自卫武器的研制，并于1990年底设计定型，1991年第二季度正式投入批量生产，这就是FN P90冲锋枪。FN P90冲锋枪是“Project 90”的简写，意即20世纪90年代的武器专项，P90是世界上第一支为了发射新弹药而研发的个人防卫武器。

在P90的开发过程中，FN公司将新弹药的研制置于优先地位，并研发了全新的枪弹。这种新枪弹射击时后坐力低、弹头初速为850米/秒，射程和穿透力都比手枪弹大。用P90发射的子弹，30米以外的距离仍可穿透北约标准的厚低碳钢板，175米距离可穿透美军标准头盔的两个侧面，这都足以见证P90冲锋枪的威力。

FN P90冲锋枪外形相当怪异独特，初露面时给人的感觉就像科幻片中的武器，也会使初次见到它的人产生它不是冲锋枪的疑问。正因为此，很多人都认为

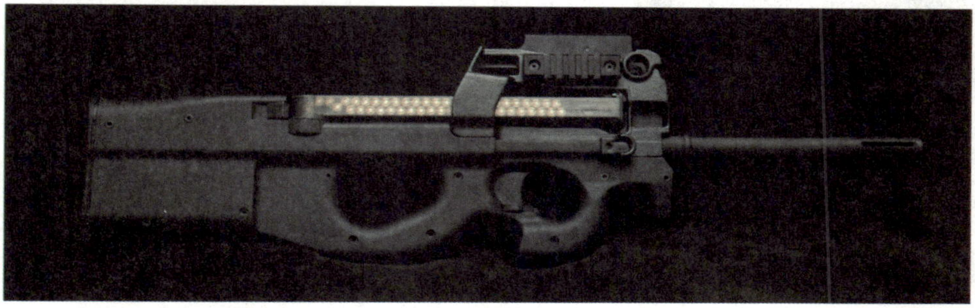

你知道吗

美国休斯敦警方在1999年开始使用P90，是美国第一个使用P90的警务单位。2003年在实战中使用过P90，也是美国第一次P90的实战纪录，而德克萨斯州的Addison警队则是美国第一个把P90摆放于巡逻车的警务单位。至2009年，全美有超过200个执法人员使用P90，包括美国特勤局(USSS)及联邦保护局。

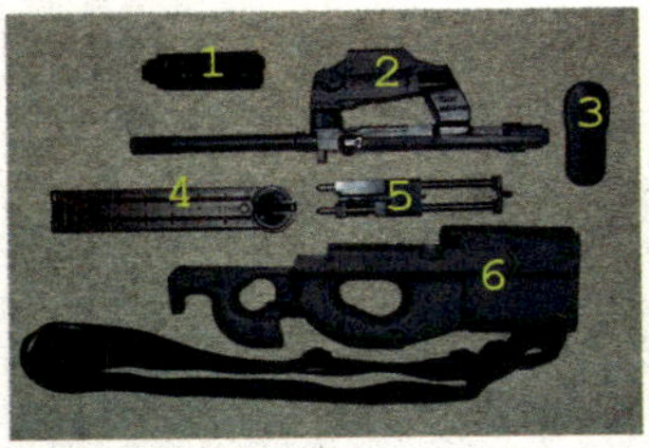

P90既不是冲锋枪也不是手枪，而是介于手枪和缩短型突击步枪之间的轻量、轻便的自卫武器，但从传统的观点来看，轻武器专家仍然将它归为冲锋枪。

P90外形小巧，全枪结构紧凑，长约50厘米，重量轻，携带方便。配备高容量弹匣，后坐力低，易于保养。它采用无托设计，所以虽然枪身很短，但枪管仍有263毫米长，这可以让子弹有相当高的弹速。P90可分为枪机组件、整体式枪托、枪管及瞄具组件、弹匣4个部分。在全部的69个零部件中，有27件是塑料件。

P90的首次实战纪录是比利时的特种部队用于1991年的海湾战争。在1997年日本驻秘鲁大使馆胁持人质事件，拯救人质行动中的秘鲁特种部队使用上了消音器的P90。2011年，利比亚内战中也出现过P90的身影。

第⑤章　火力之王——机枪

机枪是一种带有枪架或枪座，能实现连发射击的自动枪械。世界第一挺机枪是个叫伐商的比利时工程师（曾是拿破仑手下的上尉）于1851年设计的。该枪曾在1870、1871年的普法战争中使用过。而普遍观点认为，现代机枪的鼻祖是加特林多管式机枪。1862年，由美国人理查·乔登·加特林发明，这种枪有几个枪筒，可以轮转。1883年，美国人海勒姆·史蒂文斯·马克沁进行革新，机枪变为单枪筒，利用后坐力，使上膛、射击和退弹能同时完成，枪身用枪筒上的水套降温，每分钟可射击650次，名为马克沁机枪。

第 1 节　认识机枪

机枪通常备有两脚架，也可安装在三脚架或固定枪座上，主要发射步枪或更大口径（12.7毫米/14.5毫米）的子弹，能快速连续射击，以扫射为主要攻击方式，透过密集火网压制对方火力点或掩护己方进攻。除了攻击有生目标之外，也可以射击其他无装甲防护或薄装甲防护的目标。

一、机枪的诞生

1861年美国内战打响，一名叫理查・乔登・加特林的美国医生在医院看到到处都是受伤的官兵以及治疗无效而死亡的官兵尸体。这些牺牲的官兵中，除了战场上的死伤外，很多士兵还死于疾病和营养不良。经过一番思考，加特林认为，要是能减少战场上投入的士兵数量，就能让伤亡最大程度地降低。

从1861年开始，加特林开始设计构思转管机枪，1861年年底就完成了机枪的设计模型，并于1862年进行了一系列验证，命名为加特林机枪，这款枪被公认为是世界上第一款实用性机枪。1862年11月4日，加特林通过申请获得转管机枪的专利。

加特林机枪结构较为简单，为多管、手摇式机枪。通过手摇转柄，可以让加特林机枪的各个枪管依次旋转到12点钟位置发射子弹，以提高射速和散热性。在枪管的转动过程中，每根相对应的枪管会完成上膛、闭锁、射击、开锁、抽壳等动作，以此循环。

在加特林机枪刚发明时，便拥有高达200发/分的超高射速，这在当时是非常致命的。以至于当时的林肯总统不愿意使用这种前所未有的残忍武器来对抗南方的同胞，但在之后和印第安人的作战中却使用了它。

19世纪末期，加特林机枪成为了欧洲各国控制并扩张殖民地的重要武器。经过改进后的加特林机枪射速最高曾达到每分钟1200发，在当时这是个惊人的数字。

加特林转管机枪从诞生之日起，工作原理就决定了其具有能连发射击、火力猛等优点，但也存在重量大、机动性差等缺点。但其诞生的时间并不合适，就像一个早产儿，当时的军队还未在思想上对其诞生做好准备，也不知道怎样将其充分运用到战争中，因此加特林机枪在当时的发展并不顺利，但却为后来自动武器的发明奠定了基础。

▲理查·乔登·加特林

1.自动重机枪的诞生

在伦敦肯辛顿博物馆里，陈列着一挺上百岁高龄、在枪械发展史上意义非同寻常的重机枪，标牌上写着：“这是世界上第一挺靠火药气体能量供弹和发射的武器。”该枪口径11.43毫米，枪身质量27.2千克，枪架质量29千克，采用容弹量为333发、6.4米长的帆布弹带供弹，理论射速600发/分。它的发明者就是大名鼎鼎的海勒姆·史蒂文斯·马克沁，美、英等国都称他为“自动武器之父”。

你知道吗

加特林虽然是一名医生，但是却一直致力于工程学，因此在思考解决减少兵力这个问题上，他首先想到的是发明一种火力凶猛的枪。依靠凶猛的火力，一支枪能顶很多支步枪，让一个士兵拥有很多士兵的战斗力（他当时的目标是一个士兵能顶上一个连），从而减少战场上士兵的人数，以达到减少战争伤亡的目的。

1840年2月5日，马克沁出生在美国缅因州桑格斯维尔。他家境清贫，小时经常与兄弟到野外打猎卖钱，以弥补家庭微薄的收入。这使马克沁从小就有机会摆弄枪支，熟悉一些枪械原理。勤奋好学，拥有出众创造才能的他，30多岁时，就被聘为美国电气公司的工程师，他在机械、电气等诸多领域都有很深的造诣。他经常往来于欧洲各地为公司办事，并因此结识了很多不同行业的朋友。

1881年，马克沁参加在巴黎举办的电力工业展览会，遇到一位交情笃深的朋友（电气工程师），两人无话不谈。当时的欧洲战争频繁，许多国家都在致力于研制新式武器。这位朋友快人快语，半开玩笑似的对马克沁说：“你要想赚大钱，最好发明一种玩意儿，使欧洲人彼此残杀起来更得心应手。”

▲加特林机枪

马克沁对当时欧美各国使用的武器并不陌

生，他特别关注刚刚兴起的手摇式连发机枪，特别是美国人理查·乔登·加特林研制的6管连发机枪（亦称加特林机枪）。该枪标志着手动机枪发展到了顶峰，美国陆军1866年8月列装。但它仍需要人力通过机械完成射击循环的各种动作，也很笨重，亟待改进。

马克沁放弃美国电气公司的工作，把全部精力转移到武器研制上，并于1882年移居英国，后加入英国国籍。

马克沁是在一个完全崭新的领域里工作，当时流行的几种手摇式连发机枪在机械构造上具有参考价值，但因没有解决最关键的问题——自动供弹、自动退壳的动力来源，还不能称为真正的机枪。在英语中，Machine Gun（机枪）一词，是指能实施连发射击的自动枪械。马克沁的灵感来自一次偶然的发现。一天，他在军队射击场用步枪打靶，由于这种步枪后坐力特大，抵枪托的肩被撞得生疼。和他一起打靶的战士们因常用这种步枪，肩上更是青一块紫一块的。火药气体产生的后坐力是一种多么大的能量啊！难道不可以变害为利吗？这真是“踏破铁鞋无觅处，得来全不费功夫”。马克沁多年来苦苦思索和寻找的能源，终于找到了。

对于人们习以为常、熟视无睹的射击后坐现象，马克沁巧妙地加以利用，于1884年造出了第一挺以火药燃气为能源的自动武器——马克沁机枪。该枪首创枪管短后坐原理，借鉴吸收了加特林连发机枪的操纵机构和温彻斯特步枪的肘节闭锁机构。

马克沁的这一重大发明，在世界枪炮发展史上开创了自动武器的新纪元。不

你知道吗

有一年，中国清政府大臣李鸿章访英，也应邀参观了试射表演。机枪的猛烈火力使他震惊，每分钟竟能发射600发子弹！当李鸿章得知这需耗费30英镑时，便摇摇头说：“这种枪耗弹过多，太昂贵了，中国用不起。”后来，大约在清光绪十四年（公元1888年），中国也购进少量马克沁机枪，并进行仿制。

久，马克沁又对机枪做了一些改进，风尘仆仆地辗转于英、法、意、德、俄等国进行表演，向各国军队推荐他的机枪。

1891年，英军正式装备马克沁机枪，并首先用于扩充殖民地的战争。战争一方仍挥舞长矛和棍棒，另一方则拥有弹仓步枪和机枪。1893～1894年，英国殖民军在罗得西亚同祖鲁人的战争中，第一次使用马克沁机枪。一支50人的英国小部队配有4挺马克沁机枪，据守在一个山头上。90分钟内，5000余名手持长矛、弓箭的祖鲁人发起数次冲锋。在统一指挥下，英军机枪火力如骤雨般扫射，剽悍的祖鲁人一排排倒在血泊中，3000多人战死。

19世纪末至20世纪初，马克沁重机枪在各种兵器中独占鳌头，许多国家的军队都先后装备了马克沁机枪及其改进型。其中以德国制造的1908年式7.92毫米MG08马克沁机枪性能最优异，是众多仿制型号中的佼佼者。它用低矮的三脚架（亦有两脚架）替换了此前的两轮手推车式枪架，采用水冷枪管，可长时间连续射击。该枪是德军第一次世界大战时的制式装备，每个步兵营配6挺。在1916年7月的索姆河战役中，英法联军1天内死伤于此枪枪口之下的就达5.7万人。因此，MG08马克沁重机枪有“第一次世界大战中最厉害的杀人凶器”的恶名。

一百多年来，自动枪械已发展了好几代。但是，专家们一致认为在基本原理和机构上尚未出现根本性突破。马克沁机枪及其变型枪，一直使用到1972年的印巴战争。由马克沁首创的自动武器原理，至今仍在枪炮研制中发挥着作用。

2.第一挺轻机枪的诞生

无论是加特林机枪还是马克沁机枪，在火力方面都非常强大，这一点得到了世界各国的一致追捧。但最致命的一个问题就是两者的重量，早期的这些机枪都十分笨重，仅适用于阵地战和防御作战，在运动作战和进攻时使用非常不方便。随着战局的变化，各国军队迫切需要一种能够紧随步兵实施行进间火力支持的轻便机枪。

1902年，丹麦炮兵上尉乌・欧・赫・麦德森主持研制出了一支取消了水冷套桶，使用弹匣和轻便的两脚架，还可以抵肩射击的单兵使用连发武器——1902式麦德森轻机枪。该机枪全重不到10千克，性能十分可靠，口径和结构多变可适应不同用户要求，因此是当时军火市场上的热门货。

虽然供弹方式不同（可能采用弹链、弹匣或者弹鼓），这些新机枪有一些共同特征：它们发射率很高，很容易出现枪管过热，因此有必要把枪管设计成可以在战斗中快速更换的形式；轻机枪可以由单兵使用，但一般至少要两人的班组才

▲1902 式麦德森轻机枪

能对其进行维护。因此轻机枪是第一种下放到步枪班的班组武器。这些特点是第一次世界大战后出现的大多数机枪的共同特征。

第一次世界大战结束后，英国开始寻求一种可以取代过重的路易斯机枪、与BAR同级别的武器。经过测试后由法国将军阿道夫·贝赛尔设计的型号有希望赢得这一竞标。他在1918年就研制出了这种机枪并试图推销给美国陆军，但由于设计上存在几个尚未解决的问题被后者拒绝了。贝赛尔转而向英国人推销，但英国人同样认为这些缺陷可能造成高昂的损失而拒绝了，不过他们认为这种机枪具有发展潜力。贝赛尔在1925年把他的设计专利卖给了维克斯公司，经过后者的改进被称为“维克斯–贝赛尔轻机枪”。

捷克设计的机枪打败了英国的型号这一事实充分说明了这种武器的优异性能。最初的捷克型号发射德国7.92毫米毛瑟子弹，但在英军中，这种机枪的弹药换成了和李·恩菲尔德步枪与维克斯中型机枪一样的0.303英寸子弹。同时还获得了一个新名字“布伦”，这一名字来自该机枪的诞生地布尔诺和制造工厂所在的恩菲尔德。

布伦轻机枪是一种采用28发弹匣供弹的导气式机枪，在射击间隙中枪机组件保持在枪身后部。这种机枪有备用的枪管可进行快速更换，用途广泛，很快就成为英国步兵班组的基本火力、防空作战中的一线武器，并被安装在通用武器载具和几种侦察车上。布伦机枪以良好的精度出名，一名优秀射手在有一根好枪管时

▲布伦机枪

你知道吗

在法国，位于夏特勒洛尔和圣·艾蒂安的法国国营兵工厂研制出了7.5毫米的M14/29型机枪，设计用于取代第一次世界大战时研制的糟糕而不受欢迎的绍沙机枪。这种轻机枪基本上是勃朗宁自动步枪的改进型，采用顶置的弹匣供弹。后来发展出的M31型机枪采用了独特的150发侧置弹鼓供弹，并采用了双动扳机结构，可进行半自动或者全自动射击。

可以把整个弹匣的子弹在远达600码（约548米）的距离上全部打进靶心。大多数布伦机枪最初都是在恩菲尔德兵工厂生产，但后来在加拿大也建立了生产线，第二次世界大战中还曾在澳大利亚和印度生产。很多布伦机枪被送到欧洲占领区支援无数地下抵抗组织反抗德军，这种机枪很适合这一角色，因为其结构简单而坚固，仅需少量训练即会使用，也很容易进行野战分解。实战中在各种气候和条件下，布伦机枪都一再被证明是一种精确而可靠的武器。很多武器专家认为它是有史以来最优秀的轻机枪。布伦机枪的生产一直持续到了1971年，在此后很长一段时间都是军队的一线装备。

在美国，武器设计师约翰·勃朗宁也开始研制一种轻型机枪：M1919。把M1919列为轻机枪的行列可能会让人产生一种误解，因为这种机枪比其他轻机枪重得多，射击时需要安装在沉重的三脚架上，因此实际上应该归类为中型机枪（毫米G）。采用0.3英寸口径的M1919机枪是一种枪机后坐式空冷武器，延续了勃朗宁M1917机枪的很多特征。M1919是一种可靠的武器，其中M1919A4型机枪是美军在整个第二次世界大战期间一直使用的中型机枪，后来一直服役到了20世纪60年代，至今还有数千挺在全世界各地服役。

在欧洲的其他地方，奥地利、芬兰、瑞典和瑞士的武器制造商们都在20世纪20年代后期到20世纪30年代生产了或多或少算得上成功的轻机枪。瑞士的两家公司：伯恩武器生产公司和西格公司（SIG）都推出了自己研制的轻机枪，但两种型

▲M1919 机枪

号都由于成本过高不适于大批量生产。

苏联人在机枪发展上总的来说是后来者。在第一次世界大战之前，沙皇的军队从别的国家购买机枪，也通过引进许可证生产了一些。因此在十月革命后，苏联的机枪发展和生产基本上是从头开始。当时最紧要的任务是研制一种轻机枪以取代第一次世界大战时留下来的路易斯、哈奇开斯、麦德森和绍沙轻机枪。这些老式机枪难以获得零备件，五花八门的口径也给后勤系统带来了压力。当时苏联人还有很多马克沁水冷机枪以及生产这些机枪的工厂。因此最初的打算是把马克沁机枪改装为一种轻机枪。有几位设计师接到了这一改装任务并被要求分别独立完成，其中F.V.托卡列夫成为这一竞争的获胜者，他用带散热孔的外套取代了马克沁机枪枪管上包围的水套，推出一种轻型、空冷式、带有步枪式枪托和手枪式握把的机枪。经过严格的测试后，马克沁-托卡列夫机枪最终在1925年定型，被选作新式轻机枪。然而部队反映这种武器作为轻机枪使用依然过重。尽管得到了进一步改进，苏军指挥层意识到这

▲捷格加廖夫机枪

种武器仍然不过是一种过时机枪的延伸罢了。因此他们把研制一种全新的轻机枪的任务交给了另一位设计师，瓦西里·A.阿列克谢维奇·捷格加廖夫。

捷格加廖夫的第一个成功型号是在1926年研制出的DP机枪（捷格加廖夫机枪）。DP是一种结构简单的导气式机枪，只有6个活动部件，后来的事实证明在即将爆发的战争中这种武器可以在恶劣条件下可靠运行。DP机枪枪身上安装有标志性的49发弹鼓，实战中由两人班组操作。此外还发展出了包括步兵用、坦克用和飞机用的多个型号，在整个第二次世界大战中都一直被大量装备使用。

二、机枪的结构与性能

机枪一般由枪身、枪架或枪座组成。自动方式大多为导气式，少数为枪管短后坐式或枪机后坐式。枪管壁通常较厚，有很大的热容量，甚至在枪管过热的情况下还能迅速进行更换，长时间连续射击时丝毫不影响其性能。闭锁机构通常情况下强度较高，能承受连续射击时的猛烈撞击和振动。为了方便射击活动目标或进行风偏修正，大多数机枪还配置有横表尺。高射机枪装有简易机械瞄准装置或自动向量瞄准具。对枪身进行支撑的是专用枪架，并赋予枪身一定的射角和射向。枪架上有高低机和方向机，有的甚至还装有精瞄机，并有高低、方向射角限制器，可以方便而迅速地实施固定射、间隙射、超越射、纵深或方向散布射。枪座上一般安装有车载机枪、航空机枪和舰用机枪。为了使火力密度得到最大限度的提高，通常采用提高射速或多枪联装的方式以达到这一目的。

三、机枪的分类

机枪通常分为轻机枪、重机枪、通用机枪和大口径机枪。

1.轻机枪

轻机枪主要目的是为步兵单位提供500米内的火力支持，装有两脚架，并可由单兵携带作战。一个步兵班中一般配备一至两挺。供弹方式有弹匣、弹鼓或弹链，弹药一般与步兵班中的步枪共通。亦有些国家采用重枪管的自动步枪作为轻机枪，例如英国的L86A1轻机枪，因其重量较轻，可采用卧射、跪射、立射或挟枪扫射的射击方式。20世纪50年代后开始，自动步枪与轻机枪形成枪族，部分零部件可以互换。

轻机枪比重机枪轻，可以随步兵冲锋陷阵。水冷系统由于过于笨重，为解决枪管的冷却问题，由气冷装置所取代，此外，早期的轻机枪配有快速更换枪管的冷却措施，能够进行长时间的连续射击，因此有良好的射击密度。它靠弹链或弹匣供弹，通常每分钟可发射150发，连续射击时可连射300发。这相当于许多步枪的集中火力，能有效地杀伤800米以内的敌人集团目标和重要的单个目标。轻机枪有两支脚架，射击稳定性好。必要时还可端起扫射，或者边行进边射击。

轻机枪的口径通常与步枪相同，而且基本上与步枪发射同一种枪弹。轻机枪的自动方式应用最广的是导气式和短管退式。导气式一般有气体调节器，可以调节射击速度以及适合不同使用条件。供弹方式有弹仓式和弹链式，容弹具通常采用可以迅速卸下的容弹量大的弹匣，或放在盒内的金属弹链。射击时由射手控制发射弹数，或进行3～5发短点射，或进行10～15发长点射，或扣住扳机不放的连续射击。两脚架连接在枪身前部，为了改变火线高和调平枪身，一般架杆可伸缩并能调整张开的角度。

2.重机枪

重机枪（美、英等国又称为“中型机枪”）一般指重量在25千克以上的机枪（包含三脚架）。重机枪装有固定枪架，射程较远，威力较大，可进行搬运，是步兵分队的支持火力。

与轻机枪相比，重机枪重量重、枪架稳定，有很好的远距离射击精度和火力持续性，能较方便地实施超越、间隙、散布射击。重机枪主要用于射击集群的有生力量、火力点、轻型装甲目标和低空飞机，其枪架具有平射、高射两种用途，射击精度较好。平射的有效射程是800米～1000米，高射的有效射程是500米。战斗射速是300～400发/分。

重机枪的射程比步枪、冲锋枪都远。使用普通枪弹时，在3000米距离仍有一定的杀伤力。用特种弹时，射程可达到5000米。它靠大容量弹链箱供弹，枪架可以调整为平射、高射两种状态，在500米高度内，重机枪打击伞兵非常有效。

3.通用机枪

通用机枪又称轻重两用机枪，是一种既具有重机枪射程远、威力大，连续射击时间长的优势，又兼备轻机枪携带方便、使用灵活，紧随步兵实施火力支持优势的一种机枪，是机枪家族中的后起之秀。

通用机枪最早发展的国家为德国。在第一次世界大战和第二次世界大战之间，由于凡尔赛条约中规定德国军队不得拥有使用弹链供弹的机关枪，为了回避条约的规定以及降低西方国家的质疑，德国开始研发可以进行长时间连射且重量轻于以往重机枪的新型机枪。随后于1934年制造了一种多用途的中口径机枪——MG34，用以取代MG08及MG15，MG34采用气冷设计、弹链以及弹鼓的选择式供弹，可快速更换枪管，附有两脚架以及三脚架，两脚架用于轻机枪，换装三脚架时即可为重机枪使用，用途非常广泛。

▲MG34 通用机枪

通用机枪的枪托上装有枪托和两脚架，具有轻机枪的射程、终点效能、射击精度、火力持续性。装在枪架上虽能作重机枪使用，但实施散布射击时，操作稍显不便，射击精度因地面及射手不同而变化较大。通用机枪口径为6毫米～8毫米，以轻机枪状态使用时，能杀伤、压制800米内有生目标。以重机枪状态使用时，能杀伤、压制1000米内有生目标。通用型机枪供弹方式均为弹链式，枪身重量7千克～15千克，枪架重量5千克～20千克，采用机械式瞄准具。与之前的单纯式重机枪相比，全枪重量减轻了一半左右。

4.大口径机枪

大口径机枪是重机枪的一种，没有明确的分类，但通常指部分型号为14.5毫米口径的重机枪。相对一般的重机枪或者通用型机枪而言，大口径机枪采用更大口径的子弹，威力也更大，射程更远。

如今的航空机枪、高射机枪通常都是采用大口径机枪，此外，陆军也会装配大口径机枪，用以击毁或击伤装甲战车。

大口径机枪因其特殊用途和火力特点，在结构上具有两个特征：一是大口径机枪因为通常需要进行持续射击（在攻击战车时，持续射击能更有效地穿透敌方战车的装甲），因此大口径机枪都是采用弹链进行供弹；二是由于大口径机枪发射时枪口会产生很大的火花，因此射击手无法在射击过程中通过瞄准器对目标进行持续瞄准，因此大口径机枪通常都将这个装置省去或者简化了。

第 2 节　机枪集锦

轻机枪主要目的是为步兵单位提供500米内的火力支持，装有两脚架，并可由单兵携带作战。重机枪一般指重量在25千克以上的机枪（包含三脚架）。重机枪装有固定枪架，射程较远，威力较大，可进行搬运，是步兵分队的支持火力。通用机枪具有轻重机枪的共同优点，并从20世纪50年代起，各国普遍用通用机枪取代了轻机枪与重机枪。如今，轻重两用机枪已经基本取代了重机枪的地位。

庞然大物：DShK/DShKM 机枪（苏联）

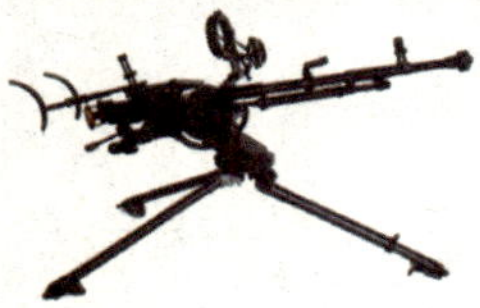

名枪名片	
型号	DShK/DShKM
口径	12.7 毫米
枪长	1625 毫米
全枪质量	33.5 千克
弹容	50 发

DShK机枪是捷格加廖夫于20世纪30年代设计的重型机枪，DShKM是后期的改进型号。该枪在第二次世界大战期间被步兵分队广泛应用于低空防御和步兵火力支持，也在一些重型坦克和小型舰艇上作为防空机枪使用。

在DP轻机枪被苏联红军采用后不久，捷格加廖夫应苏军要求于1930年又设计了一种12.7毫米口径的大口径机枪，命名为DK（“捷格加廖夫大口径机枪”的缩写）机枪，1931年被正式采用，并在1933～1935年少量生产。该枪的整个系统基本上是DP轻机枪的放大型，只是枪弹威力更大。由于它采用鼓形弹匣供弹且只能装弹30发，而且又大又重，因此战斗射速很低。1938年，DK机枪换装了斯帕金设计的转鼓形弹链供弹机构，有效增加了机枪的实际射速。次年2月，改进后的DK机枪正式被采用，并重新命名为DShK（“捷格加廖夫–斯帕金大口径机枪”）机枪。

第二次世界大战后期，捷格加廖夫对DShK机枪进行了改进，主要是用旋转的弹链式供弹机构代替比较原始的套筒式动作机构以及一些小改动。改进后的新机枪在1946年正式被采用，并重新命名为DShKM（"M"表示改进型）机枪。

20世纪60年代末到70年代初，DShKM机枪逐渐在苏联军队中被更先进的NsV机枪所代替，但直到现在的俄罗斯军队中仍然保留有不少DShKM机枪作为坦克或装甲车上标准配备。此外，DShK和DShKM机枪也被广泛输出到其他国家或被仿制，例如伊朗、前南斯拉夫和巴基斯坦。

DShK机枪采用开膛待击，闭锁机构为枪机偏转式，依靠枪机框上的闭锁斜面，使枪机的机尾下降，完成闭锁动作。自动机系统与DP-27轻机枪类似，但按比例增大枪机和机匣后板上的机框缓冲器组件。

你知道吗

美国最著名的动作电影之一《第一滴血》的第3部中，大口径机枪第一次亮相，当兰博和部落成员们开展叼羊比赛时，从城堡起飞的苏军武装直升机飞临展开杀戮。主人公在火箭弹与机枪的攒射中，成功跑到山头的机枪工事中，并用该枪击落了一架直升机。从影片中来看，该枪的架改方式是用于防御低空目标的，因为枪身装在前二后一的三脚架上，并装有专门的肩托和环形高射瞄准具。

该枪使用不能快速拆卸的重型枪管，枪管前方有大型制退器和柱形准星，枪管中部有散热环增强冷却能力，枪管后部下方有用于结合活塞套筒的结合槽，上方有框架形立式照门。导气箍上有气体调整器，用于调整作用于活塞上的气体，以保证复进机有适当的后坐速度，其上有直径为3毫米、4毫米和5毫米的导气孔。

DShK机枪使用不可散弹链，最初的供弹机构由斯帕金设计，受弹机状似圆鼓，有一个带轴和制逆轮的拨弹轮。拨弹轮与一摇臂连接，而摇臂通过连杆与枪机框相连。弹链从左侧装入，当拨弹轮在枪机框的带动下转动时，枪弹在转轮内同时产生旋转和直线运动，在每射击1发弹的过程中，同时有10发枪弹在转轮内参与运动，而每发弹的运动行程为全行程的1/10，逐渐从弹链中拉出来，最后被枪机推进弹膛。

天空扫帚：ZPU 系列机枪（苏联）

名枪名片

型号	ZPU 系列
口径	14.5 毫米
全枪质量	49.1 千克
弹容	100 发

1949年，伊热夫斯克枪械师弗拉季米诺夫研制出压倒西方主流0.50英寸（12.7毫米）口径的ZPU系列14.5毫米口径高射机枪，能够射击2000米内的空中目标和1000米内的地面目标，被称为“天空扫帚”。而用作防空的14.5毫米KPV机枪可装在ZPU-4、ZPU-2及ZPU-1上对1500米内低飞的飞机或直

升机进行射击。

ZPU系列高射机枪可多管联装，枪架上装有轮子，便于用汽车牵引，机动性好，配有光学瞄准镜，大大提高了射击威力。

ZPU系列14.5毫米高射机枪虽然整体性能不错，但仍存在着体积大、过于笨重的缺点，只能以牵引方式在公路或平坦的地形上执行作战任务。

苏联于第二次世界大战后设计，并于20世纪50年代装备部队的KPV14.5毫米重机枪，可装在单管、双联或四联枪架上。但因太大、太重，在60年代改为防空武器。KPV重机枪是当前世界上威力最大的一种机枪，只有20毫米口径的火炮可以与之相比，但这种火炮的尺寸和重量全都比它大。

ZPU-4已经被用于第二次世界大战后的各种各样的冲突中，首先由中国和朝鲜部队在朝鲜战争中使用，后来又出现在越南战场和“沙漠风暴”（伊拉克战场）中。虽然有点过时，但对于大多数低空飞行的直升机，已被证明具有相当有效的打击力。

小口径代表：RPK-74 轻机枪（苏联）

名枪名片		
	型号	RPK-74
	口径	5.45 毫米
	枪长	1060 毫米
	全枪质量	5.15 千克
	弹容	20/30/45 发

RPK-74轻机枪是苏联设计师卡拉什尼柯夫于20世纪70年代中期研制成功的一种小口径轻机枪，是苏军口径最小的军用轻机枪。它和AK-74突击步枪同为一个枪族，其70%的部件可通用，目前俄罗斯及东欧大部分国家都还以此枪作为步兵班的制式轻机枪装备。

RPK-74轻机枪大部分结构都与AK-74步枪相同，只是使用了加重加长的枪管，因此弹头初速提高，另有一个较轻的两脚架，枪口的消焰器也做了改动。RPK-74轻机枪使用45发长弹匣供弹，不过这种弹匣与AK-74的30发弹匣是完全通用的。RPK-74还有两种改进型，一种是折叠枪托的伞兵型RPKS-74，另一种是可加装夜视瞄准镜、专用于夜间作战的RPK-74N。

RPK-74轻机枪在1980年苏联入侵阿富汗战争中首次投入实战，它与AK-74突击步枪一起，检验了苏联独特的5.45毫米小口径弹药的杀伤效力，使阿富汗人对这种子弹痛恨至极，称其为“毒弹头”。在两次车臣战争中，交战双方则都在使用AK-74和RPK-74，如不出意外，AK-74和RPK-74还将在俄军中服役相当长一段时间。

RPK-74轻机枪火力猛，重量轻，作战性能良好，广受好评。可实施自动或半自动射击，是目前世界上口径最小的机枪。另外还有一个特点是，与步枪的零件互换率高。

机枪元老：维克斯 MK1 机枪（英国）

名枪名片

型号	维克斯 MK 1
口径	7.7 毫米
枪长	1155.7 毫米
全枪质量	带冷却水状态下为 18.3 千克
射速	450 ~ 500 发 / 分

维克斯MK1式机枪是英国生产的一种马克沁改进型机枪，于1912年正式装备英军，并参加了第一次世界大战和第二次世界大战。

MK1型水冷式机枪的研发最早可以追溯到19世纪，马克沁在1884年展示了他的新武器——世界上第一挺真正的机枪。以马克沁的机枪为原型，一个英国的武器制造商生产了这种水冷式机枪，并且成为英军的制式武器，参加了第一次和第二次世界大战。

MK1是马克沁机枪的改进型，它比马克沁原型的性能更加优秀，但是，由于采用了水冷式枪管，这种机枪在战场上依然显得非常笨重。

该枪采用的是枪管短后坐式工作原理，其闭锁机构为曲柄连杆式。在闭锁时，两个连杆臂在机匣内呈水平状态，在枪管和枪机共同后坐6毫米、膛内压力下降到安全线下后，曲柄连杆后部的开锁凸轮会撞击机匣侧壁上的卡笋，从而使连杆翻转而实现枪机开锁。

MK1机枪采用的是击针击发式，以弹链供弹。其机头端面的抓弹器能够上下移动，在枪机后坐抽出弹壳的同时抓取一发新弹，抓弹器被上盖板上的斜面下压使得新弹对准弹膛，同时将弹壳抛出。

该枪于1912年开始装备英军，随后参加两次世界大战，并且随着英军争战在世界各地。直到1968年，英军才正式宣布MK1退出现役，但是该枪依然在一些英联邦国家使用。在1972年的第三次印巴战争中，巴基斯坦军队最后使用该枪，此后该枪正式退出世界军事舞台。

身经百战：“布伦”轻机枪（英国）

名枪名片	
型号	“布伦”轻机枪
口径	7.7 毫米
枪长	1167 毫米
全枪质量	10.42 千克
弹容	20 发弧形弹匣供弹

“布伦”轻机枪是英国恩菲尔德武器公司1932年开始生产的一种7.7毫米口径轻机枪，它是著名的捷克制ZB26轻机枪的英国改型，先后装备于英国、加拿大等数十个国家，该枪在第二次世界大战后为适应北约标准弹药，还改进为7.62毫米口径，称为L4系列轻机枪，一直使用到20世纪70年代。

在第二次世界大战中，“布伦”轻机枪活跃于各个战场，它对于皇家陆军是如此重要，以至于还专门为其配备了一种履带式小型机动载具，称为“布伦机枪车”。与同时代其他轻机枪相比，“布伦”机枪的重量还是比较轻的，枪手们甚至可采取立姿射击，另外它还可选择四种不同的射速，更是受到机枪手们的钟爱。第二次世界大战后，“布伦”轻机枪则显得有些落伍，渐渐被通用机枪所取代。

“布伦”轻机枪外观上的最明显之处是在枪身上方那个高大弯曲的弧形弹

匣，弹匣前面的枪管上还有一个带护木的大型提把。不要小看它的存在，须知机枪在发射几百发子弹后其烫手的枪管是根本无法直接触摸的，提把的存在使“布伦”轻机枪更换枪管的动作更为迅速而简便，这个优点使其在激烈的战斗中用处很大。

英国军方曾在1953年对“布伦”轻机枪进行改良，更换其弹匣、枪管和枪机，机匣也有所改动，消焰器改用瓣形，最终将MK系列更新为L4系列。改良后的L4系列，枪管镀铬，不带备用枪管，被列为英军制式装备，现在英军大量装备的轻机枪已升级为L7A2式。

▲加拿大士兵的布伦轻机枪，1945 年。

气冷第一枪：勃朗宁 M1919A4 重机枪（美国）

名枪名片

型号	勃朗宁 M1919A4
口径	7.62 毫米
枪长	1044 毫米
全枪质量	14.06 千克
射速	250 发弹带

M1919A4重机枪主要用来取代M1917A1式重机枪，是美军在第二次世界大战间的主力重机枪之一。

由于M1917A1重机枪太过笨重，在一些条件较差的环境下运动非常困难，而且也无法在无水条件下长期使用。所以，美国军械局便计划研制一款气冷式机枪装备步兵。M1919A4重机枪在勃朗宁M1919A1水冷式重机枪的基础上进行了改进，省去了M1917A1式装水的大套筒，采用了更为方便的气冷式，因此在质量上减轻不少，重量仅仅为M1917A1的一半不到。由于采用了气冷，所以在M1919A4的枪管上，有大量的散热孔，而且也不能像M1917A1那样进行长时间的射击。

M1919A4重机枪在第二次世界大战爆发后大量装备美军，以取代第二次世界

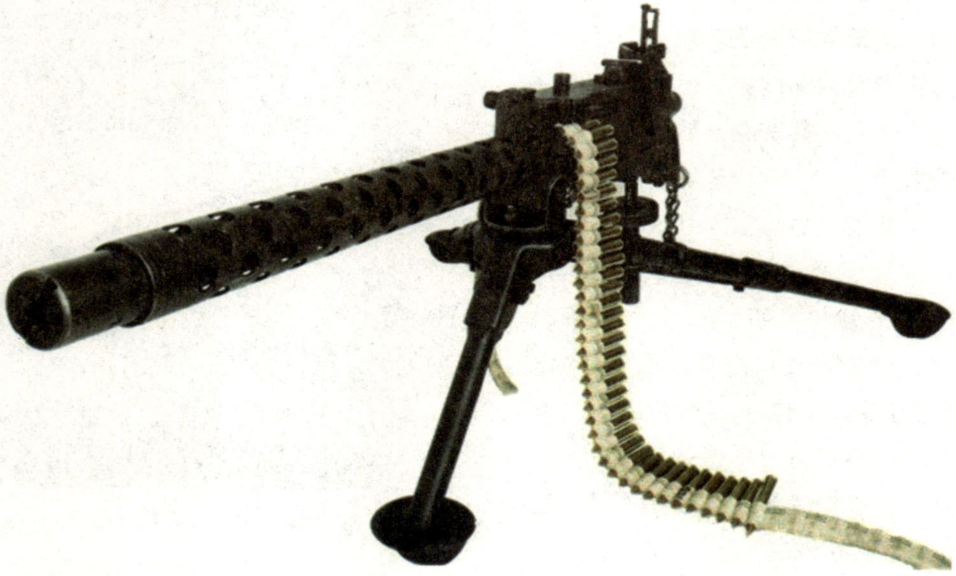

大战爆发前装备的M1917A1式重机枪。它是美军在第二次世界大战中的主要连级机枪，而且一些盟国军队也有装备，该机枪一直服役到第二次世界大战结束后很长一段时间才逐渐退役。

生命收割机：MG42通用机枪（德国）

名枪名片	
型号	MG42
口径	7.92 毫米
枪长	1219 毫米
全枪质量	19.2 千克
弹容	50/100 发

为改进MG34的缺点，德国格鲁诺博士依据波兰的设计图纸于1942年研制成功了MG42。它最大的特色是大量采用了在枪械制造中尚属首次使用的冲铆件，这可以降低成本、方便生产和减轻重量，又给当时的盟军造成了德国资源匮乏的假象。

由于大量采用冲铆件，使整枪看起来显得很粗糙。正因为如此，MG42机枪一面世，盟军谍报人员的报告几乎都是千篇一律：德国已经不行了，他们极端缺乏原材料，连他们战术核心的机枪，都采用如此简陋粗糙的制造技术，这种粗制滥造的机枪就是铁证。

对于MG42通用机枪的出现，轻武器评论家评论说：最短的时间、最低的成本，但却是最出色的武器。后人据此戏称MG42为“三最”机枪。

MG42机枪采用冲压钢件制造、结构简单，适于大量快速生产；射速极高，具有极佳的火力压制能力；枪管能迅速更换，使其极易维护，因此

你知道吗

第二次世界大战后许多国家的机枪都有MC42的影子，如美国的M60、德国的MG3等。更可贵的是，这种经冲压、铆接、电焊自动化生产线的大量生产，是机械生产制造方面的一次天才性的突破。

至今仍在广泛使用。

MG42的缺点是其高射速带来的副作用：首先是弹药消耗过快，德军机枪手通常要比其他国家士兵带上多得多的弹药；其次是枪管的过热问题，一般机枪小组需带上几条枪管，或是直接用小便冷却枪管，但这些都无损于MG42通用机枪在人们心中的地位。

MG42机枪有着相当出色的压制能力，虽然射程和各国的机枪基本相当，但射速要高得多，一般机枪根本无法在与MG42机枪的对射中占得上风。

MG42即使在-40℃时，依然可以保持稳定的射击速度。由于是气冷式机枪，在寒冷中，反而可以减少换枪管的次数。

备受欢迎：M240 通用机枪（比利时）

名枪名片	
型号	M240
口径	7.62 毫米
枪长	1260 毫米
全枪质量	21 千克
弹容	30 发

M240通用机枪在20世纪90年代中期一直被美国军队所采用，被广泛用于步兵、战地车辆、舰船和航空器上。尽管不是最轻的通用机枪，但M240的可靠性受到了一致推崇。

M240机枪采用弹链供弹，为气冷式机枪。它仅与M13式弹链兼容，并被许多其他西部机枪设计所借鉴，特别是北约。M240可以加两脚架作为轻机枪使用，加三脚架则可以作为重机枪使用。

M240作为坦克同轴机枪（和坦克主炮并列安装，由炮长操纵进行射击的机枪，称为同轴机枪）在1977年首先被美军装备，以替代M73和M219机枪。

M240与M60有许多相同的基本特征，但M240系统优良的可靠性远远胜过M60。相比于M60，M240有一个更加复杂的气体冷却系统，具有较高的可靠性和较低的维护性，但这些优点是建立在极高昂的费用和重量为代价的基础之上。

M240经过30多年的发展逐渐成为一个庞大的家族：基型M240式车载机枪、

M240B式步兵用机枪（带有三脚架）、M240C、M240D、M240E6（供特种部队、骑兵部队、空降部队和其他轻型步兵部队使用）、M240G、M240H式直升机载机枪（UH-60“黑鹰”直升机）等。其中，M240G是基型M240的改进型，或可以称为M240E1，而M240H是M240D的改进型。

M240通用机枪具有战术用途极其广泛、射速可调、结构坚固、机构动作可靠、适于持续射击等优点。由于该枪把各种武器的结构特点有机地结合在一起，因而设计得非常成功，一直在阵地的最前沿坚守。

神来之笔：“米尼米”M249机枪（比利时）

名枪名片

型号	“米尼米”M249
口径	5.56毫米
枪长	1040毫米
全枪质量	7.5千克
弹容	30/200发

1970年，比利时著名的FN公司设计出了“米尼米”M249轻机枪，该枪为一种5.56毫米小口径轻型机枪，被美军采用的时间是1982年，其美国生产型称为M249。除美国和比利时装备外，加拿大、澳大利亚等多个国家也采用“米尼米”M249机枪作为制式武器。

美国是世界公认的枪械制造大国，但是为什么在轻武器上还会选中外国设计的产品呢？除了被选中的武器性能的确优秀之外，也许这其中还有鲜为人知的内幕。美国的目的在于以小换大，为把大装备卖出去赚大钱，还美其名曰“有来有往的政策”。其实美国还是在国内授权生产，以维护本国制造商的利益，并同样能再出口，关于这一点，M249轻机枪就是最好的例证。

“米尼米”M249轻机枪使用标准的北约5.56毫米小口径弹，其设计还是沿袭了通用机枪的概念。它使用弹链供弹，装有两脚架，也可以装上三脚架。但它的弹药有效射程较短，在中距离以上威力还达不到通用机枪的水平。在紧急情况下，它还可以直接使用突击步枪的弹匣供弹。由于重量轻、弹药通用，可用作步兵班的支持火力，又被称为“班用自动武器”。

“米尼米”M249轻机枪共有三种类型，标准型（长枪管）、伞兵型（短枪

比利时人法尚普斯上尉于1851年设计的一种不成熟的手动机枪，后经法国人约瑟夫·蒙蒂尼改进，并投入批量生产。该枪真正创新的东西不多，基本上可以理解为集束步枪——不过是将几十支步枪堆积在一起。

蒙蒂尼机枪采用人工操纵机械实施快速射击。最初发射的子弹是纸壳子弹，射击时如单发步枪压入子弹一样插入一个37发的弹盘，后来经过多次改进，子弹变成了黄铜弹壳。

蒙蒂尼机枪用时比较费力。可以想象，一组经过训练的士兵，每5秒钟发射一组枪弹，反复地开膛、装弹、上膛、闭锁、击发、退弹……这一连串的操作，不但使士兵的体能消耗大、对其动作配合要求高，而且射击还是间断的，其结果是它的火力压制作用和威慑力明显不足，没有机枪扫射的那种效果。

蒙蒂尼机枪的第一种型号是齐射型，即所有的枪管同时射击，于1867年装备部队。一组训练有素的射手一分钟内能齐射12次，理论射速每分钟超过400发，这比当时的加特林机枪射速要大。

管）和车载型。标准型配备有固定枪托，通常配备两脚架，两脚架拉开后可支于地面上射击。出于士兵携带方便的考虑，M249轻机枪冲锋陷阵，FN公司特意设计了一种专门存放枪弹的盒形弹箱，弹箱可装200发枪弹。由于弹箱是用塑料整体压铸而成，采用此工艺后使得该弹箱成本低廉，但又经久耐用。

战地怪物：蒙蒂尼机枪（法国）

名枪名片		
	型号	蒙蒂尼机枪
	口径	不详
	枪长	不详
	全枪质量	不详
	弹容	不详

蒙蒂尼机枪是世界上第一种机枪。它原本是由在法国拿破仑三世军队服役的